人工智能前沿理论与技术应用丛书

机器学习中的线性与非线性思维

翟中华 编著

电子工业出版社
Publishing House of Electronics Industry
北京·BEIJING

内 容 简 介

本书深入剖析机器学习中的线性思维和非线性思维，从基础理论出发，结合经典例子，阐述如何将线性思维和非线性思维巧妙应用于机器学习算法，帮助读者理解数据背后的规律与不确定性。除引言外，全书内容分为 7 章，包括线性回归中的线性思维、感知机分类中的线性思维、逻辑回归中的线性思维、支持向量机中的线性思维、核方法、高斯核函数的非线性映射作用、深度学习中的非线性。

本书适合机器学习领域的工程师、研究员阅读，也可作为计算机科学、统计学、电子工程、计量经济学等领域的技术人员的参考用书。

未经许可，不得以任何方式复制或抄袭本书之部分或全部内容。
版权所有，侵权必究。

图书在版编目（CIP）数据

机器学习中的线性与非线性思维 / 翟中华编著.
北京 : 电子工业出版社, 2025. 5. --（人工智能前沿理论与技术应用丛书）. -- ISBN 978-7-121-49501-4
Ⅰ. TP181
中国国家版本馆 CIP 数据核字第 2025QA9340 号

责任编辑：王　群
印　　刷：北京盛通印刷股份有限公司
装　　订：北京盛通印刷股份有限公司
出版发行：电子工业出版社
　　　　　北京市海淀区万寿路 173 信箱　　邮编：100036
开　　本：880×1230　1/32　印张：3.25　字数：70.72 千字　彩插：2
版　　次：2025 年 5 月第 1 版
印　　次：2025 年 5 月第 1 次印刷
定　　价：38.00 元

凡所购买电子工业出版社图书有缺损问题，请向购买书店调换。若书店售缺，请与本社发行部联系，联系及邮购电话：（010）88254888，88258888。

质量投诉请发邮件至 zlts@phei.com.cn，盗版侵权举报请发邮件至 dbqq@phei.com.cn。

本书咨询联系方式：wangq@phei.com.cn，910797032（QQ）。

目录

引言 001

上篇 线性思维

第 1 章 线性回归中的线性思维 008

1.1 线性思维 009

1.2 从线性思维看线性回归 015

 1.2.1 直线方程 016

 1.2.2 由直线方程到线性回归 017

 1.2.3 线性回归的随机误差 018

 1.2.4 由随机误差项到最小二乘法 021

1.3 线性回归的统计性质 025

 1.3.1 OLS 估计量的性质 025

 1.3.2 线性回归的统计学假设 026

第 2 章 感知机分类中的线性思维 028

2.1 感知机中的线性分类思想 029

 2.1.1 什么是感知机 029

 2.1.2 感知机分类过程 032

		2.1.3 线性分类的几何视角	034
	2.2	感知机训练的线性思维	035
		2.2.1 几何角度形象理解	036
		2.2.2 转化为代数运算	039
	2.3	从几何视角看感知机训练	042

第3章 逻辑回归中的线性思维 045

- 3.1 线性回归不适合分类 046
- 3.2 Sigmoid 函数的特性 049
- 3.3 逻辑回归是线性分类器 050

第4章 支持向量机中的线性思维 052

- 4.1 最直觉的分类思维 053
- 4.2 线性分类 056
- 4.3 由函数间隔到几何间隔 059
- 4.4 软间隔支持向量机 063
  - 4.4.1 为什么需要软间隔支持向量机 063
  - 4.4.2 软间隔支持向量机的数学实现 066

下篇　非线性思维

第5章 核方法 072

- 5.1 采用核方法的动机 072
- 5.2 使用核方法解 SVM 升维难题 073

第 6 章 高斯核函数的非线性映射作用 　　079

6.1 简单与复杂的辩证：从线性模型到非线性模型　080

6.2 从有限到无限的哲学思想　082

　　6.2.1 把有限空间映射为无限空间　083

　　6.2.2 从无限返回有限　083

6.3 泰勒级数：实现维度的无限延展和有限维度的计算　085

第 7 章 深度学习中的非线性　089

7.1 Sigmoid 函数　091

7.2 ReLU 函数　092

引 言

在学习、理解和获取知识和解决问题的过程中，思维发挥着至关重要的作用。

1. 线性思维与非线性思维及其思考者

线性思考者的思维通常非常合乎逻辑。那些喜欢线性思维和线性世界的人会引用他们过去发现的对解决当前问题有用的信息。线性思考者务实，往往在数学、会计和其他技术领域表现出色。线性思考者可能更喜欢一致性和可预测性，在涉及定期重复过程的工作中表现出色。在实际工作中，可以安排给线性思考者按部就班的工作任务。线性思维对于强调客观性的科学研究也很有用。

线性思考者的缺点如下。

线性思维的一个主要缺点是其过程并不总能考虑到新的变量。线性思维在商业世界中可能是一个劣势，我们举一个招聘的例子。例如，招聘经理可能更愿意雇用在该行业工作多年的人，而不是在不同行业都有经验的人。线性思考者会假设经验丰富的候选人将是最佳选择，而不会认为第二个经验不足的候选人可能能够提供创新想法。当涉及大型团体时，线性思维也可能是一个问题，因为团体中的人会为他们所了解的想法投票，而不是选择新想法。

非线性思维具有人类思维的特征——向多个方向扩展，而不是向一个方向扩展，并且基于这样一种思想，即一个人可以将逻辑应用于某种情况的不同起点。

非线性思维更全面。由于缺乏"与生俱来"的结构，它让我们的创意不受控制。好比让小狗在上山时可以自由跳跃，在这种情况下，小狗会做任何有可能的有趣的事情，也许会在山上撒尿，然后再做其他事情，这些事情之间可能不相关。这与头脑风暴非常相似，允许思想自由流动，试图在这个过程中找到一些独特的东西。

非线性思考者的优点如下。

非线性思维通过不确定任何给定逻辑过程的开始来最大化可能的结果。对于非线性思考者，他们倾向于在项目运营中并肩前行，试图看到大局并关注自己最感兴趣的领域。

非线性思考者是富有创造力、有远见的思考者，他们喜欢测试线性世界中已知和可能事物的极限，他们会想出不同的做事方式，并提出创新的想法。非线性思考者可以利用他们对原创性的热情来生产变革性的产品或服务。如果一家企业正在寻找能够打破既定模式并挑战竞争对手的新想法，则对于高管的人选，应该多多考虑非线性思考者。

然而，非线性思考者的数学和科学知识可能有所欠缺。在感知具有特定原因的事物时，非线性思考者可能不是最佳选择，因为他们可能不会理解其结果。

2. 机器学习中的线性与非线性

关于机器学习中的线性模型和非线性模型有两个主要聚焦点，一个是特征之间的关系，另一个是决策边界的线性与非线性。

模型的线性与非线性主要对应线性思维，我们以下将重点讨论。

根据基础数学，线性指变量之间的数值关系，变量之间的多项式、指数等关系都是非线性。

这里必须指出，有一种观点是错误的，这种观点认为，机器学习中模型的线性、非线性是模型参数之间的关系，即决策函数 $y = w_1 x_1^2 + w_2 x_2^2$ 是线性模型，而 $y = w_1^2 x_1 + w_2^2 x_2$ 是非线性模型。

还有一种观点认为，机器学习中模型的线性、非线性是指特征之间的关系，例如，$y = w_0 + w_1 x_1^2 + w_2 x_2^2$ 是非线性的，而 $y = w_0 + w_1^2 x_1 + w_2^2 x_2$ 是线性的，这种线性、非线性实际上指的是决策函数的线性或非线性。

在机器学习中，模型的线性或非线性是指决策模型的决策边界的线性或非线性，因此，线性回归就是一种线性模型，逻辑回归本质上也是一种线性模型。对于逻辑回归，其决策面 $y = w_0 + w_1 x_1 + w_2 x_2$ 是线性的，只不过在输出时使用 S 型函数，得到分类的置信度。如果从最后的决策函数 $f(x) = \dfrac{1}{1 + \exp(w_0 + w_1 x_1 + w_2 x_2)}$ 来看，特征变量 x_1 和 x_2 之间由于 S 型函数的作用，呈现了非线性关系，但这种非线性关系没有作用于决策边界，决策边界 $y = w_0 + w_1 x_1 + w_2 x_2$ 是一条直线，S 型函数的非线性本质上是对输出空间进行的非线性映射。

支持向量机（SVM）也有线性版本和非线性版本。非线性

SVM 是由线性 SVM 逐步推演出来的。对于线性 SVM，其模型本身就是在寻求一个超平面，只是策略是找到间隔最大的那个超平面。对于非线性 SVM，尽管在输入特征空间上其仍是分类超平面，但是要先采用核技巧从输入空间向高维特征空间进行非线性映射。

那么要提高模型的非线性能力，该如何做呢？

首先，看看能不能对输入特征进行非线性变换，一种方法是引入核技巧，将低维输入映射到高维空间中，产生非线性，核技巧可以实现特征组合，即使多样式组合也会产生非线性。核技巧的本质是，其非线性是由 n 维空间映射到 m 维（$m > n$）空间产生的，即通过增加表征的维度产生非线性。

其次，在深度学习中，可以通过非线性激活函数实现非线性。在深度神经网络中，如果采用线性激活函数，那么整个网络的输出只是输入的线性变换，而如果采用非线性激活函数（如 ReLU 激活函数），那么网络的每一层都是上一层的非线性变换，多层网络就实现了非线性函数的嵌套，整个网络的非线性表达的容量将极大提高。

上篇 线性思维

第1章
线性回归中的线性思维

在一定的微观尺度下观察世界,你会发觉几乎所有事物的规律都是线性的,即使其外部看起来十分复杂。

这个世界是丰富多彩的。随着人类不断地探索世界,越来越多的知识、概念和规律让我们应接不暇,甚至眼花缭乱。但是一切规律都是从最简单的演绎出发的。中国古老的易经从阴、阳两个方面出发,可以描述整个世界中的事物,而世界上很多关系都是符合阴阳关系的,因此,万事从简出发是一个很好的哲学思路。

研究机器学习往往从简单的线性回归出发。很多人，包括从事机器学习相关工作多年的"老兵"，认为线性回归没什么，甚至对其"不屑一顾"，这是一种非常错误的观念。其实，线性关系是许多科学研究的出发点，如核模式中的线性分类器、自动控制中的线性控制器、卡尔曼滤波中的线性系统状态等。这其实是辩证的，复杂的非线性世界是由简单线性经过组合、融合、合变而成的。我们知道，线性回归也可以解决非线性回归问题，如多项式回归。

机器学习是一个历久弥新的学科，其中涉及很多复杂的算法、原理，成功的机器学习算法都应用了很多思维和方法，其中的方法又是以数学方式实现的，因此，机器学习的学习曲线是陡峭的，学好机器学习更是很费时间、考验脑力及毅力的一件事情，这使很多初学者产生畏难情绪。这是因为他们没有从更高视角把握机器学习的规律，其实，机器学习体系的构建是从简单的线性思维开始的，这种思维会帮助我们打开许多机器学习的"难结"。

本书将从一个较高的视角来阐述线性回归，希望能让你有所收获。

1.1 线性思维

什么是线性思维？

机器学习中的线性与非线性思维

线性思维是按照"已知"逐步进行的思维过程，其中，必须先对某个步骤做出响应，然后进行另一个步骤（第1步，第2步，第3步，……）。线性思考者在按顺序体验事物时会将它们按顺序排列，如直线。两点之间的直线一直被视为从一个地方到另一个地方的最短路径。线性思考者将世界视为二分世界，非此即彼，非黑即白，也就是具有极性结构。

本书所讲的线性思维既有广义的，又有狭义的。广义的线性思维如上述描述，指的是思考问题的方式。线性思维有简单、顺序、叠加等特征，在社会科学中线性思维往往不太受欢迎，在某种程度上是简单、机械、不灵活的代名词。诚然，在社会科学中，我们要大力提倡非线性思维，提高解决各种问题的能力和灵活性。

在自然科学中，我们所说的线性思维，指的是线性模型的思维，用线性模型来解决实际问题。然而我们知道，在自然界中，单纯的线性模型几乎不存在，更多的是复杂的非线性模型。例如，我们在中学学习的匀速运动，在现实中其实很少见，甚至难以做到，行车道路并不是一致的、理想的，风阻等也是时刻变化的，因此很难保持匀速运动。即使是路况比较好的高铁，也很难做到匀速运动。为了提高线路的利用率，高铁线路上难免会存在避让、交会、停靠及控制车速等情况，这决定了高铁列车不能一直按照最高速度匀速前进，因此我们在坐高铁的时候会发现，列车车厢内显示屏上的列车即时速度在不停地变化。

再举一个物理学的例子——伽利略单摆（见图 1-1）的等时性原理。尽管其解可以使用线性叠加的线性微分方程来表示，但这种简单关系只在角度微小的时候才成立，当角度增大时，线性微分方程就变成非线性的了。因此，单摆的等时性线性关系只是非线性运动的线性近似。

图1-1　伽利略单摆

随着非线性科学的深入发展，大多数科学家认为非线性并非只存在于宏观层次，也存在于微观层次。微观领域和宏观领域本质上也是非线性的，即整个宇宙本质上是非线性的。

既然整个宇宙本质上是非线性的，那我们只研究非线性模型、使用非线性思维就可以了，为什么还要研究线性思维呢？其实这就是哲学中的辩证法，简单与复杂的辩证与统一、现象与本质的辩证与统一、线性与非线性的辩证与统一。复杂源于简单，复杂世界的建构是从简单原理出发的；现象由本质决定，五彩斑斓的现象是由清晰可见的本质决定的；非线性由线性组成，复杂的非线性是由线性演绎的。在数学中，微分学的核心思想便是"化曲为直"，如图 1-2 所示，即在微小的邻域内，可以用线段来代替曲线以简化计算过程。这个核心思想生动地体现了上述辩证法。

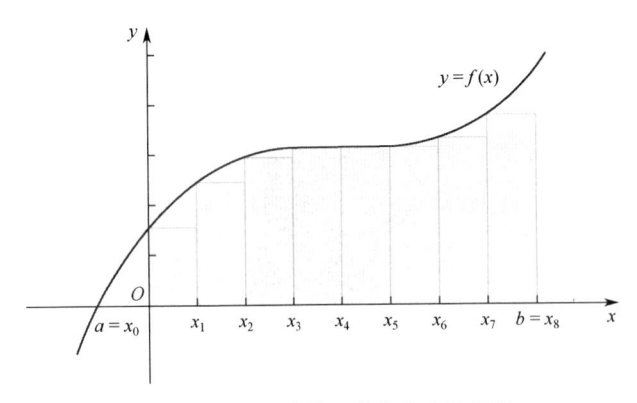

图 1-2 微分学中的"化曲为直"示意

回到机器学习，我们通过线性与非线性关系来审视一些算法。

感知机、线性回归、逻辑回归、线性支持向量机、k 近邻、k 均值、潜在语义分析是线性模型，核函数、支持向量机、AdaBoost、神经网络是非线性模型。

在机器学习中，算法主要分为有监督算法和无监督算法。

通俗地讲，有监督算法在训练模型时，训练样本都有标签数据（有监督）；无监督算法在训练模型时，训练样本只有特征数据而没有标签数据（无监督）。无论是有监督算法还是无监督算法，目的都是从当前数据中获得更多有益的信息，从而更清楚地把握数据，进而对新数据进行预测。

有监督算法中非常重要的两种算法是分类和回归。首先说分类，判断输入数据所属的类别，可以是二分类问题，也可以是多分类问题。多分类问题相较于二分类问题复杂一些，二分类问题是多分类问题的基础，多分类问题是二分类问题的拓展。接下来我们先解决简单的二分类问题。

《易经》将世界分成阴阳，简单到用两个字来抽象整个世界，《易经·系辞上传》说："一阴一阳之谓道。"阴阳图，如图1-3所示。阴阳是指自然界的万事万物内部都同时存在相反的两种属性，即存在对立的两个方面，如乾坤、雌雄、生死、利害、奇正、清浊、难易、长短、轻重、是非、曲直、尊卑、贵贱、高下、动静、刚柔、昼夜等，都是相互对立的。这种概括是比较简单的，事情并非只有两个极端，如难易，从易到难其实有一系列的过渡状态。但是，对于解决简单问题，这种二分思想是非常有用的，从直觉出发、从简单出发，可以推演二分类算法。

从直觉出发，对于具有两种属性的事物，怎样才能把它们区别开来？可以在上述两种极端属性之间主观确定一个点，处于这个点两侧的是两个不同的类别，例如，区分昼夜，我们可以选择一个时间点将黑夜与白日区分开来，如早上七点、晚上六点。区分高低，我们可以选择一个高度，如 165cm，身高大于这个高度就是高，小于这个高度就是矮。至于这个分界点选择得合理与否，暂且不论，至少我们已经有了一种直接且简单的方法，更合理、更复杂的划分方法可以从这个方法开始演绎，这就是线性思维。

图 1-3　阴阳图

接着看回归，回归就是由一组变量来预测一个变量的数值，是预测一个数值而不是类别。这种回归类似于我们在中学时学习的函数关系，由 x 求得 y。回归有简单的线性回归，即各变量是线性组合；也有复杂的回归，如回归树、支持向量机回归。同上，无论多么复杂，我们仍然从简单出发。这里先从简单的比例关系出发，现实世界中的很多关系都可以用近似的比例关系模拟，更复杂的关系可以由这个简单的关系进行演绎。

线性思维是一种直线的、单向的、单维的、缺乏变化的思维方式。非线性思维是相互连接的、非平面的、立体化的、无中心的、无边缘的网状结构。显然，非线性思维更加复杂、更具表达能力、更具容量，然而我们为什么还要强调线性思维呢？因为线性思维是辩证的，复杂的世界是由简单的事物演绎而来的，复杂的思维也是由简单的、线性的思维建构出来的。

世界很复杂，《易经》把自然界中的很多事物分成阴阳两种，这样能够诠释世界吗？或许不能，但是世界可以由"一生二，二生三，三生万物"的过程建构完成，这就是从线性思维出发的重要意义。

1.2 从线性思维看线性回归

现实生活中有很多例子：

（1）一个人身高与年龄之间的关系。

（2）收入水平与受教育程度之间的关系。

（3）粮食单位面积产量与施肥量、降雨量之间的关系。

（4）商品销售额与广告费用之间的关系。

在这些例子中,变量之间存在很明显的相关关系,即一个变量的变化会引起另一个变量的变化。更进一步,这种变化近似是比例关系,在一定年龄段内,身高与年龄几乎成正比;收入水平也往往与受教育程度成正比,等等。这种正比例关系最简单,也最好理解,是非常简单的线性关系。

1.2.1 直线方程

在中学数学课上,我们学习过如式(1-1)所示的直线方程,就是在正比例关系的基础上加一个常数。y 是我们想要的输出,x 是输入变量,b 是常数,k 是直线的斜率。

$$y = kx + b \qquad (1\text{-}1)$$

在式(1-1)中,输出根据输入线性变化。

y 是由输入 x 决定的输出。x 的变化对 y 有影响,影响的大小由 k 确定。在具有 x 轴和 y 轴的二维图中,k 是直线的斜率;b 是截距,是常数,是 x 为 0 时 y 的值。

这个直线方程非常简单,由两个点即可确定这条直线,在确定直线后,我们只要知道任何一个点的 x 值,就可以通过这个直线方程算出其 y 值。

1.2.2 由直线方程到线性回归

对于上面描述的直线方程,在现实中完全符合的样本数据几乎是不存在的,一批样本点很难同时都在这条直线上。

假设我们有大量的样本数据,其中提供了输入 x 和输出 y 的值。

x 的变化线性影响 y。这意味着,如果我们取这些 x 和 y 的值并绘制图形,将得到一个如图 1-4 所示的图形。所有样本点并不完全在直线上,但是这些样本点基本围绕在直线附近波动,并且这种波动是均匀随机的,显然这些数据近似满足直线方程。

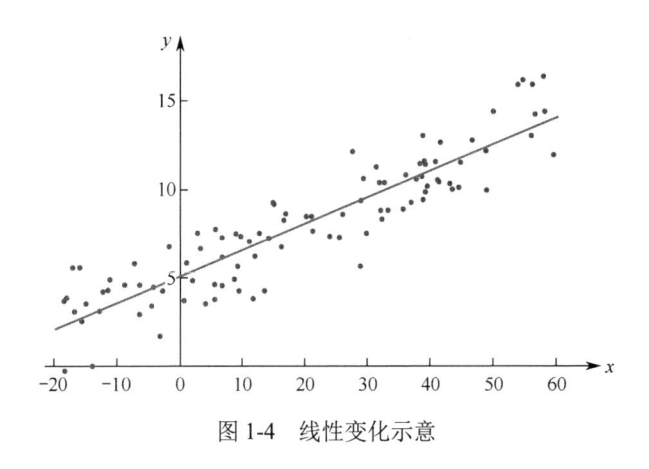

图 1-4 线性变化示意

怎么确定这条直线的方程呢?

从图 1-4 中可以看到，尽管这些点基本满足线性方程，但严格地说，它们并不在同一条直线上。因此，我们无法知道 k 和 b 的准确值。我们可以做的是找到最合适的直线，即如图 1-4 所示的直线，这条直线可以让数据随机均匀地分布在其两侧。

这种思维就是线性思维的应用。如果把波动也考虑进去，寻找一条能够通过所有样本点的曲线，那么这就是非线性思维。这种思维对不对？在某种程度上它是对的，但是这种直接应用非线性思维解决问题的方法并不符合人类解决问题的思维路径，也不符合机器学习使用数学思维及方法解决问题的路径，人类解决问题的思维路径是由简单到复杂。我们要先用一个直觉的、简单的方法尝试解决问题，尽管可能存在不足或近似，但可以一步一步地加以完善。因此，用直线来表达两个变量之间关系的方式与实际情况可能会略有偏差，但是它对于大多数关于两个变量线性关系的问题是比较有效的。

1.2.3 线性回归的随机误差

描述因变量 y 如何依赖自变量 x 和误差项 ε 的方程称为回归模型。

一元线性回归模型可表示为

$$y = \beta_0 + \beta_1 x + \varepsilon \qquad (1\text{-}2)$$

1.2.2 节论述了可以使用一条直线近似地反映、拟合样本，然而，怎么解决输出数据的波动问题是很关键的。很多机器学习的学习者并不关心这里的误差项 ε（也称随机误差项），其实它的意义很丰富。首先，它从直观的角度解释了样本在直线附近的随机分布问题，这其实是数学中统计思维的具体应用；其次，设置误差项有重要的现实意义：

（1）它反映了除 x 和 y 之间线性关系外的随机因素对 y 的影响。

（2）它是不能由 x 和 y 之间的线性关系来解释的变异性。

这两个现实意义非常重要，是我们使用线性思维解决问题的必要补充。换句话说，使用直线方程来表达样本数据变量之间的关系，是没问题的，但我们要确保最终方程可以表示其中的随机性，包括次要变量、随机行为、测量误差等。这些随机性是怎么产生的呢？以次要变量来说，对于身高与年龄的关系，在一定年龄范围内其具有很强的线性关系，但是可能还有次要变量，如遗传因素对身高的影响等，因此这个误差项不仅很有必要，而且具有很重要的意义。

（1）误差项代表了没有考虑到的其他解释变量的影响。

限于理论假设的天然缺陷,我们并不能囊括所有解释变量。此外,即使知道应该考虑某些变量,但客观上并不一定能得到相应的数据。

例如,除收入外,财富也是一个重要的影响人们消费的因素,但受数据可获得性的限制,通常无法知晓一个家庭的财产究竟有多少,因而这个变量无法纳入回归模型。但因为它确实对家庭消费有影响,所以我们只能用误差项来描述这种影响。

(2)人类行为存在内在随机性。

即使把所有有关的解释变量都引入回归模型,个别的目标变量中仍难免有一些"内在"的随机性是我们无法解释的。

(3)误差项可能代表了测度误差。

测量仪器的灵敏度和分辨能力受局限性、周围环境的不稳定性、人的读取主观性等因素的影响,待测量的真值是不可能测得的,测量结果和待测量真值之间总会存在或多或少的偏差,这被称为测度误差。

(4)考虑到奥卡姆剃刀原理,模型应该简洁。

根据奥卡姆剃刀原理,"如无必要,勿增实体",模型应该尽量简洁。如果能用两三个比较重要的解释变量，如价格、偏好和收入，就能较好地解释需求量的变化，则没有必要再添加其他一些对需求量虽然有一点影响但影响并不太大的变量。

总之，有了误差项，依据线性思维解决某类问题的理论就完备了，这个误差项在接下来求解线性回归问题中也扮演着重要的角色。

1.2.4　由随机误差项到最小二乘法

最佳拟合意味着 y 的预测值和实际值之间的差值是一个很小的值，当然最理想的状态是这个差值为零，但由上面的分析可以知道，这在实际中是不可能的，因此求解这条直线的问题转变为使这个差值尽可能最小的问题，也就是求这个差值函数的最小值。由于有的随机误差为正，有的随机误差为负，为了统一，求这个随机误差的平方。

我们可以很自然地引入最小二乘法的概念。从定义来看，二乘即平方，指残差的平方，由于估计的是很多个点，我们需要计算拟合数据和原始数据对应点的残差平方和（SSE）：

$$\sum_{i=1}^{n}(y_i - \hat{y}_i)^2 = \sum_{i=1}^{n}\hat{\varepsilon}_i^2 \qquad (1\text{-}3)$$

"最小"就是使这个残差平方和达到最小，SSE 越接近零，说明模型选择和拟合越好，数据预测也越成功。通过样本数据按照残差平方和最小的原则来估计总体回归模型中参数的方法称为普通最小二乘法（Ordinary Least Squares，OLS），又称为最小平方法。

那最小二乘法的本质意义是什么？如图 1-5 所示，最直观的就是找到一条直线，让数据点紧凑地分布在直线周围。这条直线就是能够解释所有数据点的最好的直线，其能够顾及所有点，实现平衡。

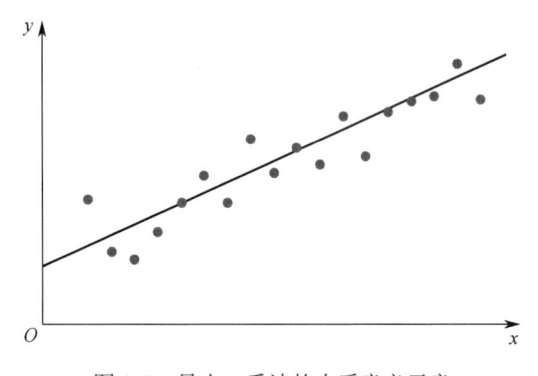

图 1-5　最小二乘法的本质意义示意

在图 1-5 中，这条直线从数据分布的中心穿过，我们看到有的点在直线上，有的点在直线上方，有的点在直线下方。对于没有在直线上的点，误差不为零，我们希望所有数据点的误差越小越好，也就是距离直线越近越好，这是最小二乘法的几何直观解释，如式（1-4）所示。

$$\sum e_i = \sum y_i - \beta_0 - \beta_1 x_i \qquad (1\text{-}4)$$

使这个误差和最小，可不可以？要知道 e_i 可正可负，如果这样，就可能存在相互抵消的问题，图 1-6 就是满足条件的一条直线，误差总和为零，但是显然这条直线并不是我们想要的。

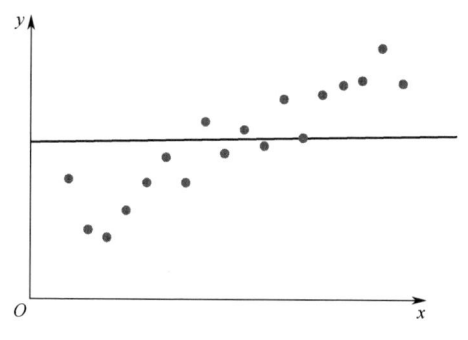

图 1-6 误差和为零的特殊情况

因此，我们的目标函数应该是所有误差平方总和，这样就能够避免出现上面所述的这种结果，目标函数为

$$\min \sum e_i^2 = \min \sum (y_i - \hat{y}_i)^2 = \min \sum (y_i - \beta_0 - \beta_1 x_i)^2 \qquad (1\text{-}5)$$

这是一个二次函数，对其求导，导数为 0 的时候取得最小值，对 β_0、β_1 求导，即

$$\frac{\partial \sum e_i^2}{\partial \beta_0} = 0$$

$$\frac{\partial \sum e_i^2}{\partial \beta_1} = 0 \qquad (1\text{-}6)$$

得到

$$\frac{\partial \sum e_i^2}{\partial \beta_0} = \frac{\partial \sum (y_i - \beta_0 - \beta_1 x_i)^2}{\partial \beta_0} = 0$$

$$\sum y_i - \beta_0 - \beta_1 x_i = -2(n\bar{y} - n\beta_0 - n\beta_1 \bar{x}) = 0$$

最后得到

$$\beta_0 = \bar{y} - \beta_1 \bar{x} \qquad (1\text{-}7)$$

同理，求得 β_1：

$$\begin{aligned}\frac{\partial \sum e_i^2}{\partial \beta_1} &= \frac{\partial \sum (y_i - \beta_0 - \beta_1 x_i)^2}{\partial \beta_1} = 0 \\ &= -2\sum x_i(y_i - \beta_0 - \beta_1 x_i)\end{aligned} \qquad (1\text{-}8)$$

把式（1-7）代入式（1-8）：

$$-2\sum x_i(y_i - \bar{y} + \beta_1 \bar{x} - \beta_1 x_i) = 0 \qquad (1\text{-}9)$$

则有

$$\beta_1 \sum x_i(x_i - \bar{x}) = \sum x_i(y_i - \bar{y}) \qquad (1\text{-}10)$$

同减去 $\beta_1 \sum (x_i - \bar{x})\bar{x}$：

$$\beta_1\sum(x_i-\bar{x})(x_i-\bar{x})=\sum(x_i-\bar{x})(y_i-\bar{y}) \qquad (1\text{-}11)$$

得到

$$\beta_1=\frac{\sum(x_i-\bar{x})(y_i-\bar{y})}{\sum(x_i-\bar{x})^2} \qquad (1\text{-}12)$$

1.3 线性回归的统计性质

1.3.1 OLS 估计量的性质

OLS 估计量的性质是运用 OLS 方法才得以成立的性质，而不管数据是如何产生的。在线性模型经典假设的前提下，OLS 估计量有以下优良的性质。

（1）样本回归直线经过样本均值点。

（2）残差和为 0，或者说残差均值为 0。

（3）残差与解释变量不相关。

（4）残差与因变量的估计量不相关。

这些性质非常有用，与线性思维是互相解释的。再回到前面由线性思维建模线性回归，对于图 1-4，回归直线经过样本均值点，残差均值为 0，就说明我们想要的回归直线满足这些样本点在直线附近波动，并且这种波动是均匀随机的。残差与解释变量、因变量无关，那么这个性质就符合随机变量的性质，即它是所选解释变量之外的因素，能够避免其他因素的干扰。

1.3.2　线性回归的统计学假设

现在，可以给出线性回归的统计学假设。我们在 1.2 节使用最小二乘法解决线性回归问题，最关键的就是要让所有点的误差尽可能小，因此引出随机误差。整个最小二乘法的目的就是最小化随机误差，达到使回归线不偏不倚地穿过样本分布区的目的。现在换一个视角，从统计学视角看线性回归，我们会发现结论与最小二乘法视角是"殊途同归"的。

（1）随机误差项是一个均值为 0 的随机变量，这就是零均值；对于解释变量的所有观测值，随机误差项有相同的方差，这就是同方差。

（2）相互独立：随机误差项彼此不相关。有两层意思：一是独立性意味着对于一个特定的 x 值，它所对应的 ε 与其他 x 值所对应的 ε 不相关；二是对于一个特定的 x 值，它所对应的 y 值

与其他 x 值所对应的 y 值也不相关。

（3）解释变量与残差相互独立。

（4）解释变量之间不存在精确的线性关系，即解释变量的样本观测值矩阵是满秩矩阵。

这 4 个假设是基于统计学角度的假设，我们会发现它们与使用最小二乘法的结论是一致且互洽的。

第 2 章
感知机分类中的线性思维

我们构建一个很普通、很朴素的分类器——感知机,源于很简单的线性思维:在现实世界中,越过一个边界,就属于另一个类别了。

在第 1 章,我们使用线性思维深入分析了线性回归,解决了一类对连续型数值的预测问题。本章我们将使用线性思维来分析感知机。感知机其实蕴含了非常朴素的分类思想——线性分类思想,这很简单,我们在日常生活中其实也已经非常习惯这种分类，因为这种分类凭直觉，用简单的一条线来分开两类事物。例如，最简单的地界问题，过了线就是另一个市、另一个省。尽管这种地界多是曲线，但思路是一样的。

2.1 感知机中的线性分类思想

2.1.1 什么是感知机

感知机是单层神经网络，多层感知机称为神经网络。

感知机是一个非常简单的线性分类器，对给定的输入数据进行分类。它到底是怎么工作的呢？

在通常情况下，神经网络的成像原理如图 2-1 所示。

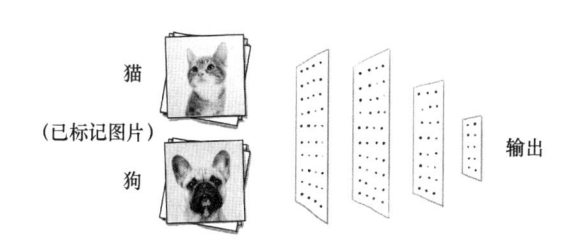

图 2-1 神经网络的成像原理

感知机图示如图 2-2 所示。

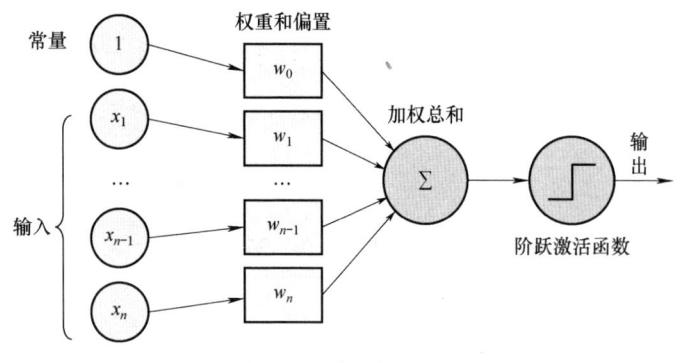

图 2-2　感知机图示

感知机通过以下简单步骤工作。

（1）所有输入 x 乘以它们对应的权重 w，如图 2-3 所示。

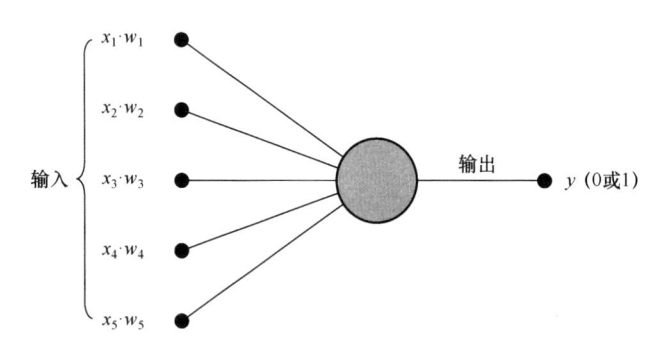

图 2-3　将输入乘以它们对应的权重

（2）将所有相乘的值相加，也就是加权总和。

（3）对加权总和进行激活。

感知机使用的激活函数非常简单,是线性思维的延伸,把以 0 为分界点的数据分成两类,为了简单,我们把这两类分别映射为 1 和 0,也就是单位阶跃激活函数,如图 2-4 所示。

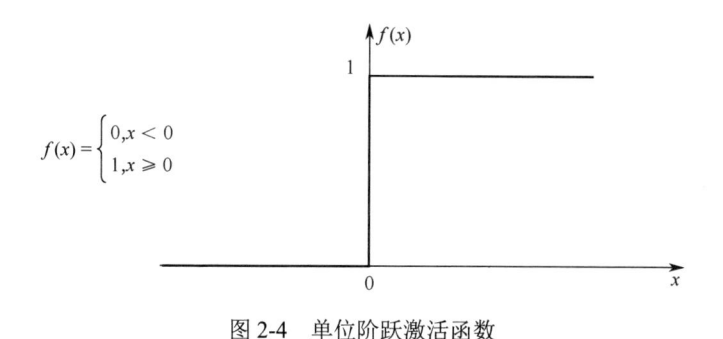

$$f(x) = \begin{cases} 0, x < 0 \\ 1, x \geqslant 0 \end{cases}$$

图 2-4 单位阶跃激活函数

为什么需要权重和偏置?

- 权重表示特定节点的强度。
- 偏置使我们可以向上或向下移动单位阶跃激活函数曲线。

为什么需要激活函数?

- 激活函数用于把输入映射为所需值,如 (0,1) 或 (−1,1)。

感知机用于什么地方?

- 感知机通常用于将数据分为两部分,因此,它也被称为线性二分类器,如图 2-5 所示。

图 2-5 线性二分类器

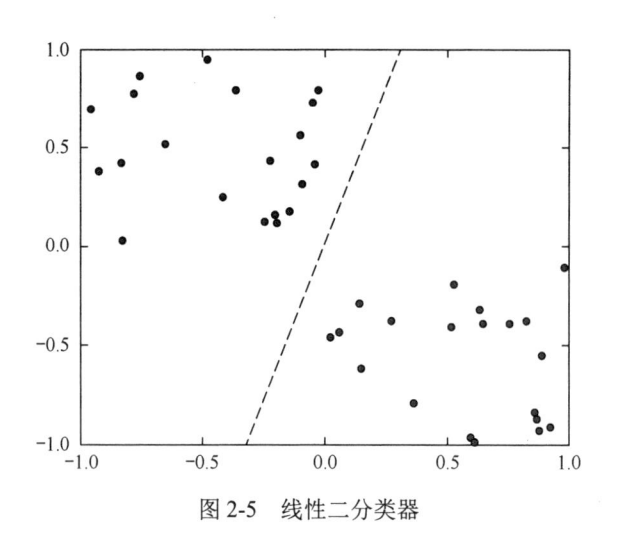

2.1.2 感知机分类过程

要想把两类数据点分开,就要综合考虑数据点的维度,最简单的方法就是加权,然后使用一个函数。这个函数的目的是放大临界点的差别,并且将数据点映射为两类。这里的函数就是前面提到的单位阶跃激活函数。

这正是感知机二分类的思想,完全线性,使用线性加权及简单的线性激活,可表示为

$$\text{activation}_w(x) = \sum_i w_i \cdot f_i(x) = w \cdot f(x) \quad （2\text{-}1）$$

在式（2-1）中，如果激活函数值为非负数，则判定为正类；如果为负数，则判定为负类。感知机的输入与输出如图 2-6 所示，这里的 $f_i(x)$（i=1,2,3）是输入。

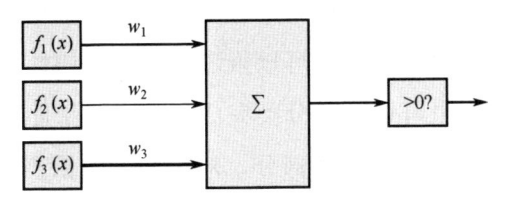

图 2-6　感知机的输入与输出

举一个垃圾邮件分类的例子，设置垃圾邮件是正类。对于单词"free"出现的次数、单词"money"出现的次数，偏置值设为 1，输入是 x="free, money"，将特征数值化，相关属性权重如图 2-7 所示。

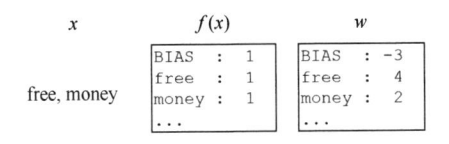

图 2-7　相关属性权重

计算：$w \cdot f(x) = 1 \times (-3) + 1 \times 4 + 1 \times (2) = 3$

由于 $w \cdot f(x) > 0$，因此判定这个邮件是垃圾邮件。

2.1.3 线性分类的几何视角

感知机实际上实现了一个最简单的线性分类,正如本章开头所说的,线性思维应用于分类就是用一条直线把数据空间分成两类。由线性思维可以推广到任意非线性思维,除此之外,多分类也可以由二分类完成。在二维平面上就是用一条直线把数据空间分成两部分,对应两类数据点,如图 2-8 所示。

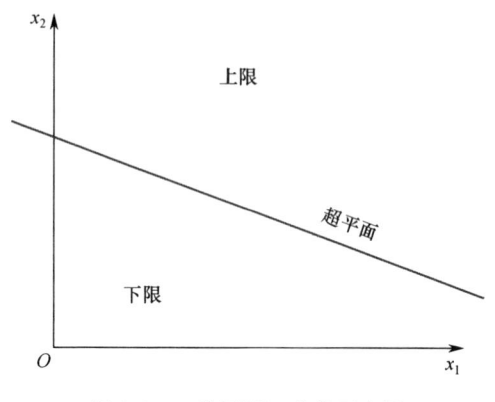

图 2-8 二维平面二分类示意图

在三维空间中就是用一个平面把整个空间分成两个子空间,分别对应两类数据点,如图 2-9 所示。

现在可以使用这种简单线性分类对邮件进行分类,如在平面的一侧 $y=1$,是垃圾邮件;在另一侧 $y=-1$,是正常邮件。

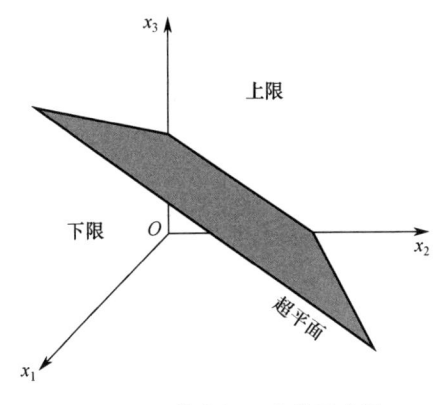

图 2-9 三维空间二分类示意图

2.2 感知机训练的线性思维

我们扩展输入向量，寻找通过原点的线性间隔面，即等式为 $w_1x_1 + w_2x_2 + w_3x_3 = 0$ 的平面。垂直于该平面的向量为权重向量 $\bm{w} = (w_1, w_2, w_3)$。假设 P 和 N 都是 n 维向量的集合，我们寻找一个权重向量 $\bm{w}$，它与 P 代表的所有扩展向量的点积为正，与 N 代表的所有扩展向量的点积为负，如图 2-10、图 2-11 所示。

如果正确分类，则应该有：对所有 $\bm{x} \in P$ 的正样本，有 $\bm{w} \cdot \bm{x} > 0$；对所有 $\bm{x} \in N$ 的负样本，有 $\bm{w} \cdot \bm{x} < 0$。

接下来，我们看看感知机学习算法，整个算法很好地体现了线性思维，用直觉就能够很好地理解算法的过程。

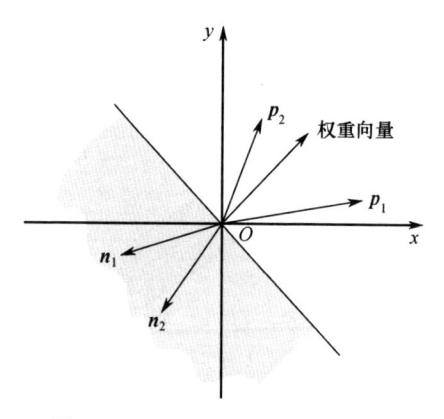

图 2-10 寻找权重向量示例（一）

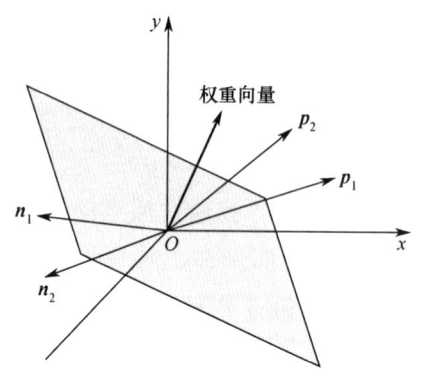

图 2-11 寻找权重向量示例（二）

2.2.1 几何角度形象理解

感知机学习算法从随机选择向量 w 开始。如果 $x \in P$，但 $w \cdot x < 0$，则意味着两个向量之间的夹角大于 90°。要正确分类，权重向量必须沿 x 方向旋转，使 x 向量进入由 w 定义的正半空间，这可以通过增大 w 和 x 的点积来完成。如果 $x \in N$，

但 $w \cdot x > 0$，则 x 与 w 之间的夹角小于 90°。要正确分类，权重向量必须远离 x，这可以通过减小 w 和 x 的点积来完成。

由此可见，P 中的向量在一个方向上旋转权重向量，N 中的向量在另一个方向上旋转权重向量。如果存在解，则可以在有限次的步骤内完成。一个良好的初始化应该是正样本输入向量的平均值减去负样本输入向量的平均值。在许多情况下，这会产生解区域附近的初始向量。

假设感知机对 $x \in P$ 产生错误，那么有 $w \cdot x + w_0 < 0$。

目标是让 $w \cdot x + w_0$ 变大，由负变为正，怎么做？很显然，有两种方法，一种是增大 w_0；另一种是使两个向量的点积 $w \cdot x$ 变大，也就是让两个向量的夹角变小。

先看第一种情况，如图 2-12 所示。

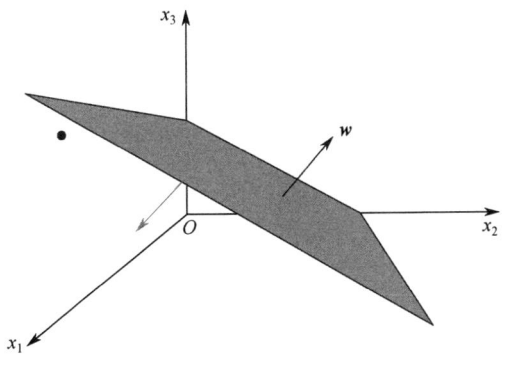

图 2-12 增大 w_0

在图 2-12 中，点在平面的下方，它的正确类别是正类，可以使用第一种方法，直接按左侧箭头平移即可，使之到达正确类别的一侧，如图 2-13 所示。

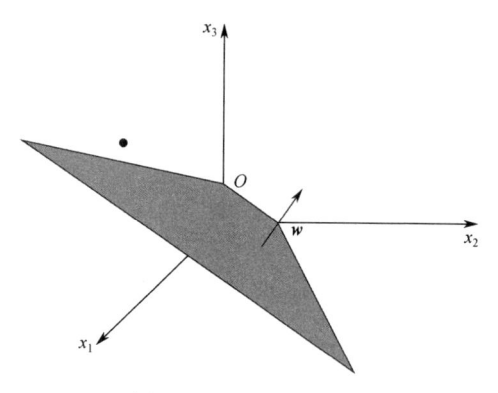

图 2-13 平移后的结果

除了平移，还可以旋转分隔面，即使用第二种方法，由于这个点是正类却落在负类一侧，因此要旋转平面，使 w 向 x 方向靠近，也就是使 w 与 x 的夹角变小，如图 2-14 所示。

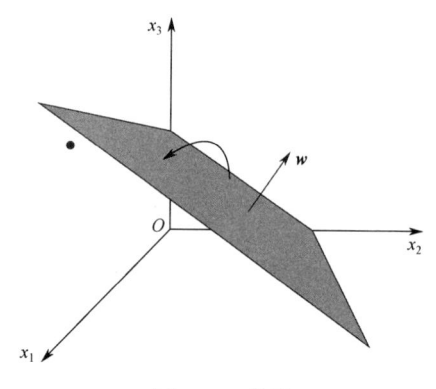

图 2-14 旋转

经过旋转，w 与 x 由原来的夹角大于 90°，变成夹角小于 90°，如图 2-15 所示。

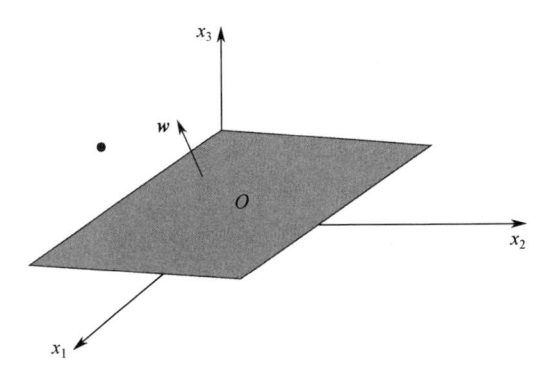

图 2-15 旋转后的结果

2.2.2 转化为代数运算

前述展示的感知机学习算法非常容易理解，那么在运算中是如何做的呢？感知机对 $x \in P$ 产生错误，即 $w \cdot x + w_0 < 0$，用神经元描述，就是神经元应该触发但未被触发。我们可以更改 w 和 w_0 以避免错误分类，有以下几种方法。

第 1 种方法，增大 w_0。

第 2 种方法，改变 w_i。

（1）如果 x 的某个维度值 $x_i > 0$，则增大对应的权重 w_i。

（2）如果 x 的某个维度值 $x_i < 0$，则减小对应的权重 w_i。

现在我们逐步分析为什么这样做。对于一个数据集，每个样本都有一个预期的输出 t 和感知机网络的预测输出 y，根据预期输出 t 与预测输出 y 之间的差异来调整权重。

第 1 种方法：针对 w_0 的调整。如果神经元应该触发但未被触发，对应 $y = 0$ 和 $t = 1$，即正类样本被错分成负类，则按照图 2-12 和图 2-13，增大 w_0。

第 2 种方法：针对 w_i 的调整。我们知道 $\boldsymbol{w} \cdot \boldsymbol{x} = w_1 \cdot x_1 + w_2 \cdot x_2 + \cdots + w_n \cdot x_n$，如果神经元应该触发但未被触发，正类样本被错分成负类，对应 $y=0$ 和 $t=1$，按照图 2-14 和图 2-15，则增大点积 $\boldsymbol{w} \cdot \boldsymbol{x}$。具体来说，如果某个维度特征 $x_i > 0$，增大对应的 w_i，则点积 $\boldsymbol{w} \cdot \boldsymbol{x}$ 增大；如果某个维度特征 $x_i < 0$，减小对应的 w_i，则点积 $\boldsymbol{w} \cdot \boldsymbol{x}$ 增大。

以上是神经元应该触发但未被触发的情况，如果神经元被触发但不应该触发，对应 $y = 1$ 和 $t = 0$，负类样本被错分成正类，则有两种方法。一是减小 w_0；二是减小点积 $\boldsymbol{w} \cdot \boldsymbol{x}$，具体到某个维度特征，如果 $x_i > 0$，则减小对应的 w_i；如果 $x_i < 0$，则增大对应的 w_i。

现在，把减小和增大 w_i 统一起来。在当前权重 w_i 基础上加

一个增量 Δw_i，并创建一个新的权重来替换现有权重。

$$w_i = w_i + \Delta w_i \qquad (2\text{-}2)$$

因此，下一个问题是增量 Δw_i 应为多少。式（2-2）的更新取决于 3 个因素。

（1）取决于 $t-y$ 的符号。

这仍然是非常直觉的线性思维，用输出 y 与目标 t 的差值作为更新的方向，$t-y$ 就是目标的前进方向。如果正类样本被错分成负类，对应 $y=0$ 和 $t=1$，则应增大权重，$t-y=1-0=1$；如果负类样本被错分成正类，对应 $y=1$ 和 $t=0$，则应减小权重，$y-t=0-1=-1$。

（2）取决于 x_i 的符号。

假设 $t-y=1$，具体到某个维度特征 x_i，如果 x_i 大于 0，则增大权重；如果 x_i 小于 0，则减小权重。假设 $t-y=-1$，具体到某个维度特征 x_i，如果 x_i 大于 0，则减小权重；如果 x_i 小于 0，则增大权重。

（3）取决于学习速率。

这是训练过程中最重要的参数之一，因为它通过明确应将多少错误用于权重更新来定义网络学习权重的速度。它通常是一个非常小的数字，用 μ 表示。

综合考虑以上 3 个因素，得到训练感知机的公式：

$$w_i = w_i - \mu(y_j - t_j)x_i \qquad (2\text{-}3)$$

训练过程就是对错误分类的校正过程，那么，在错误分类的情况下，当 $x \in P$ 时，有 $y = 0$ 和 $t = 1$，此时式（2-3）变为 $w_i = w_i - \mu(0-1)x_i = w_i + \mu x_i$；当 $x \in N$ 时，有 $y = 1$ 和 $t = 0$，此时式（2-3）变为 $w_i = w_i - \mu(1-0)x_i = w_i - \mu x_i$。

2.3　从几何视角看感知机训练

我们从几何视角来看感知机。Geoffrey Hinton 从几何视角解释了感知机，这里未使用将权重作为超平面、输入数据作为空间内点的解释方式，相反，这里将权重作为空间内点。该空间中每个权重都有一个维度，空间中的一个点代表权重的一个实例。输入数据被看作限制，用来限制权重空间的位置。如果忽略阈值，则每个训练样本可以表示为通过原点的向量。那么权重必须位于此超平面的一侧才能获得正确的答案。

具体来说，输入数据和权重维数相同，每个输入数据可以对应权重空间中的一个向量（起始点为原点），则该输入数据的分类结果取决于权重向量与正类输入向量之间的夹角是锐角还是钝角。与正类输入向量垂直的超平面对权重空间进行了划分，与正类输入向量在同一侧的输入数据被判别为正样本，位于另一侧的输入数据则被判别为负样本，如图 2-16 所示。

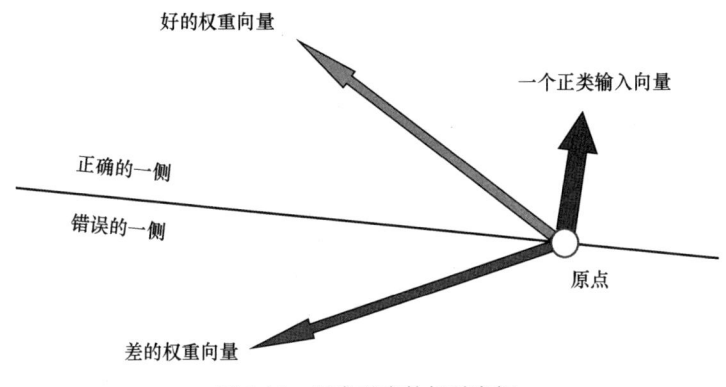

图 2-16　正类对应的权重空间

在图 2-16 中，表示正类输入向量的箭头与代表超平面的直线垂直，与该箭头夹角为锐角的箭头表示好的权重向量，反之表示差的权重向量。

图 2-17 展示了输入数据为负类的情况，确定的权重空间相反。

多个输入数据都会对权重空间加以限制，最终得到满足所有输入数据限制的权重空间，其对应的所有权重都可以将所有输入数据正确分类。因为所有输入数据限制都是通过一个过原点的超平面划分的，所以最终确定的合法权重空间必然是一个圆锥形。若输入数据线性可分，则必然存在一个权重空间；相反，则不会出现满足此条件的权重空间，即不存在某个权重可以正确分类所有输入数据。两个输入数据确定的权重空间如图 2-18 所示。

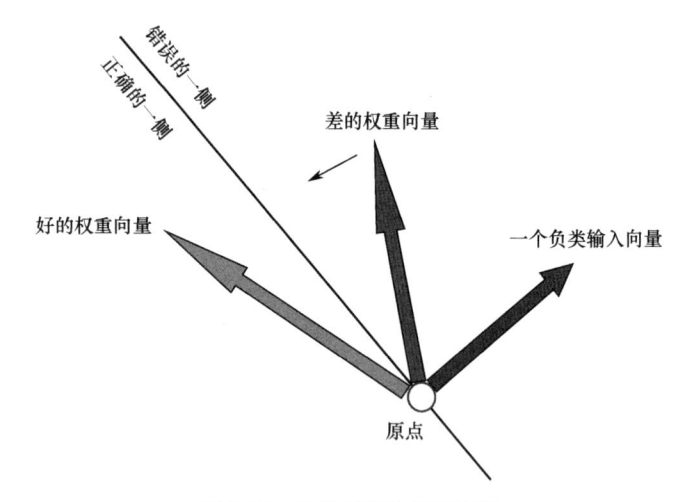

图 2-17　负类对应的权重空间

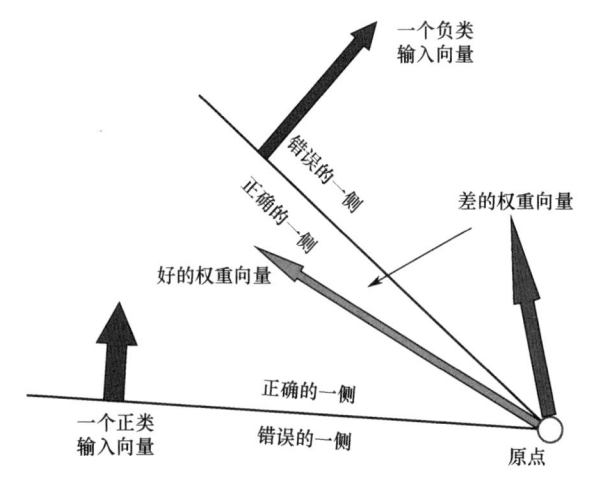

图 2-18　两个输入数据确定的权重空间

第 3 章
逻辑回归中的线性思维

逻辑回归本质上是一个线性分类器，其本质仍然是线性回归中的输入 x 与权重 w 的相乘，只是加了一个概率激活函数——Sigmoid 函数。

在第 2 章中，我们从线性思维的角度分析了感知机分类，用一种非常简单的、直觉的方式对两类数据进行分类。本章我们将使用线性思维来分析逻辑回归，在线性回归和感知机分类思想的基础上，理解逻辑回归的分类思维就非常简单了，可以说逻辑回归把两者融合在了一起。变量加权是线性回归的一种方式，本质上是用一条线或一个平面进行线性分类。

3.1 线性回归不适合分类

回归和分类是机器学习中非常重要的两大类任务，线性回归用一组特征的加权组合来预测一个连续数值型变量。逻辑回归不属于回归任务，它用一组特征的加权组合来进行分类。

举一个例子，对于身高与年龄的关系，在一定年龄段，是典型的线性回归问题。然而，如果想对身高进行二分类，即分成个子高和个子矮，这就变成一个分类问题了，那么这个问题可以用线性回归解决吗？答案是肯定的。但是，善于提出问题往往很重要，正如爱因斯坦所说，"提出一个问题往往比解决一个问题更重要"，这个问题可以帮助我们进行深度思考，而不是"想当然"。

大多数人可能存在思维定式，即线性回归只可以解决回归问题，这是错误的。实际上，线性回归也可以解决分类问题，例如，对于二分类问题，一类是个子高，另一类是个子矮，以什么为分界点呢？可以以身高 165cm 为分界点，这样在测试时，只要样本的身高预测值大于 165cm，就归为个子高，否则就归为个子矮。显然，这是可以用线性回归解决的。当然，这种解决方法比较笨拙。

接下来，我们深入分析并总结为什么线性回归不适合用来分类。

假设我们创建了一个完美平衡的数据集，其中包含客户列表和标签，用来明确客户是否已购买。在数据集中，有 20 位客户，如图 3-1 所示，包括 10 位（年龄为 10～19 岁）已购买的客户、10 位（年龄为 20～29 岁）未购买的客户。购买状态是由 0 和 1 表示的二进制标签，其中 0 表示"客户未购买"，而 1 表示"客户已购买"。

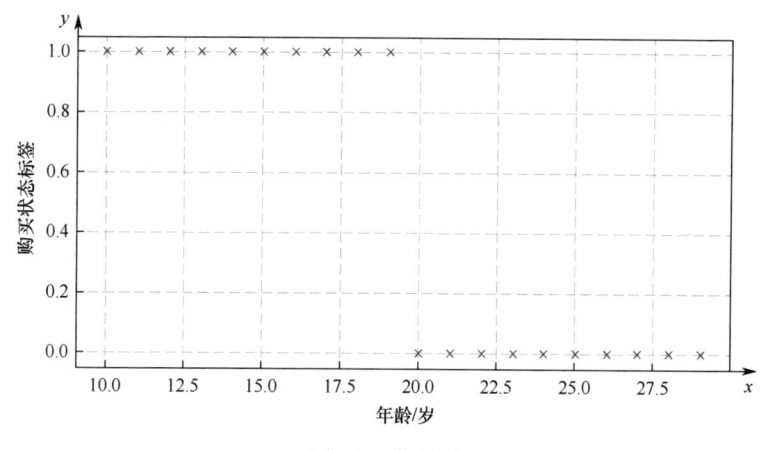

图 3-1　数据集

图 3-2 所示是使用上述数据集训练的线性回归模型。我们用 0.5 作为分界线（图 3-2 中的水平横线），显然，线性回归是可以用于分类的，使用此模型进行预测非常简单。无论年龄多大，我们都可以沿线性回归线进行预测。如果 y 值大于 0.5，则预测该客户将购买，否则将不购买。

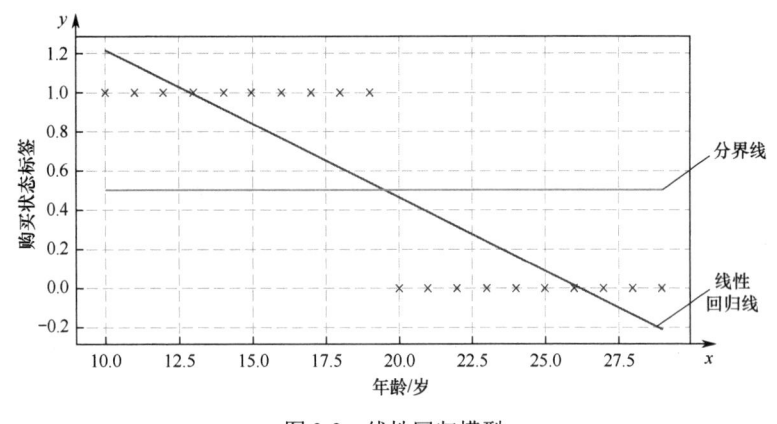

图 3-2 线性回归模型

现在，我们增加一些数据，增加 10 位年龄为 60～70 岁的客户，并训练线性回归模型，找到最拟合的线，如图 3-3 所示。

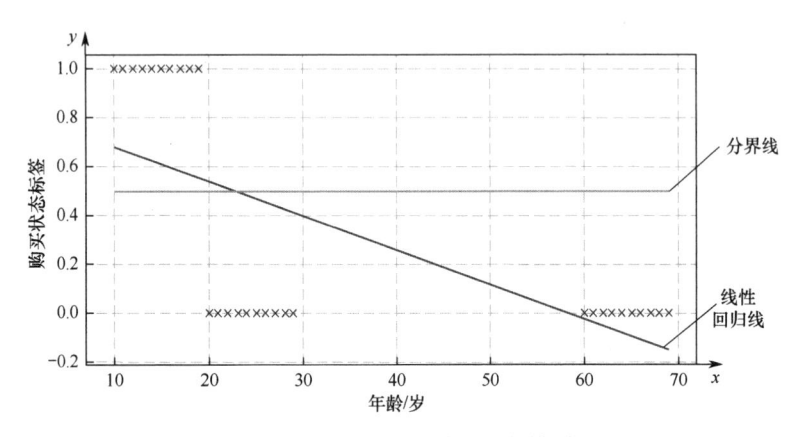

图 3-3 30 位客户的线性回归模型

现在线性回归模型设法拟合了一条新的线性回归线，但是，仔细观察可以发现，基于这条新的线性回归线，会错误地预测 20～22 岁客户的购买行为，因为这部分客户对应的数据点在分界线的上方，被预测为将购买，实际上他们的类别是未购买。

如果我们用相同的数据集训练一个逻辑回归模型，那么效果会怎样呢？同一个训练数据集上的逻辑回归模型如图3-4所示。

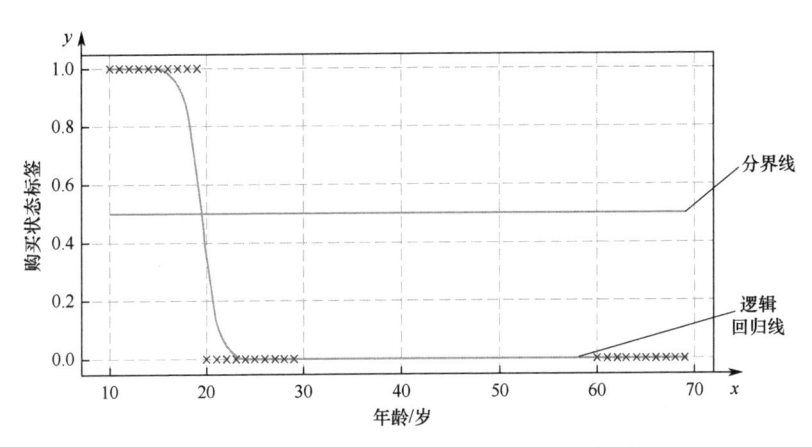

图 3-4　同一个训练数据集上的逻辑回归模型

在这个非常简单的数据集中，使用逻辑回归可以完美地对所有数据点进行分类。从这个对比中可以明显地感受到逻辑回归的可塑性、鲁棒性。

3.2　Sigmoid 函数的特性

Sigmoid 函数（也称 S 型函数）曲线可以根据数据点实现曲线的拉伸和压缩，以拟合数据。逻辑回归与线性回归相比，其优势在于使用了 Sigmoid 函数，这个函数的作用有 2 个。

（1）充当映射函数，实现概率表达，把实数区间映射到(0,1)区间，如图 3-5 所示。在二分类问题中，我们感兴趣的是结果发生的可能性，这种可能性用概率表达。预测概率越接近 1，越有可能发生；越接近 0，越不可能发生。

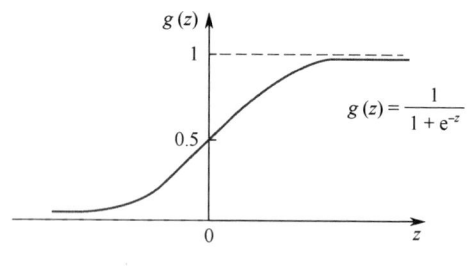

图 3-5 Sigmoid 函数图像

（2）Sigmoid 函数在 $z=0$ 处的梯度是最大的，这意味着，对于差距相同的两个自变量 z，在 $g(z)=0.5$ 处的函数值差别最大，也就是说，在分界点 $g(z)=0.5$ 处，两类数据的差别被放大了，这有利于数据的区分。

3.3 逻辑回归是线性分类器

由于 Sigmoid 函数具有非线性输出，所以很多人认为逻辑回归是非线性分类器。然而，判断一个分类器是否为线性分类器，要看决策边界是否是线性的。逻辑回归具有线性决策边界，因此逻辑回归是线性分类器。接下来通过数学语言对逻辑回归进行说明。

逻辑回归的决策边界就是概率等于 0.5 的分界线，即

$$\frac{1}{1+e^{-\boldsymbol{w}\cdot\boldsymbol{x}}} = 0.5 \tag{3-1}$$

化简：

$$e^{-\boldsymbol{w}\cdot\boldsymbol{x}} = 1 \tag{3-2}$$

取自然对数，得

$$-\boldsymbol{w}\cdot\boldsymbol{x} = -\sum_{i=0}^{n} w_i x_i = 0 \tag{3-3}$$

显然，这个方程就是一条直线，逻辑回归是线性分类器的说法得以证明。

以上公式的解释图例如图 3-6 所示。

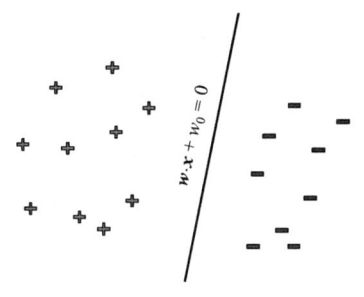

图 3-6　公式解释图例

第 4 章
支持向量机中的线性思维

我们知道，支持向量机（SVM）可以进行很复杂的非线性分类，但是，支持向量机是从线性思维出发的，这反映了线性思维的强大之处——可以演绎很复杂的非线性。

在第 2 章和第 3 章中，我们从线性思维的角度分析了感知机分类和逻辑回归分类，线性思维在这两种分类中得到了具体体现。本章我们将使用线性思维来分析支持向量机。其实支持向量机分类与感知机分类、逻辑回归分类是一脉相承的，都是应用了线性思维的分类。在理解之前两种分类的基础上，用线性思维来分析支持向量机就非常简单了。

支持向量机是在 20 世纪 90 年代中期发展起来的基于统计学理论的一种机器学习方法，通过寻求结构化风险最小（Structural Risk Minimization，SRM）来提高学习机泛化能力，实现经验风险和置信范围的最小化，从而达到在统计样本量较少的情况下也能获得良好统计规律的目的。

通俗来讲，它是一种二分类模型，其基本模型是特征空间上间隔最大化的线性分类器。也就是说，支持向量机的学习策略是间隔最大化，最终可转化为一个凸二次规划问题。

4.1 最直觉的分类思维

线性分类是很多分类算法的出发点。举一个形象的例子，如图 4-1 所示，如何把水中的船和岸上的房屋分开？

图 4-1 海岸线图

这里显然用海岸线就可以把这两类事物分开，如图 4-2 所示。

注：彩插页有对应彩色图片。

图 4-2　分类示意图

现在把这样的分类转换到二维坐标系中。从示意图到坐标系，数据的位置没有改变，只是从几何的角度对数据做了划分。坐标轴为经度和纬度，如图 4-3 所示。

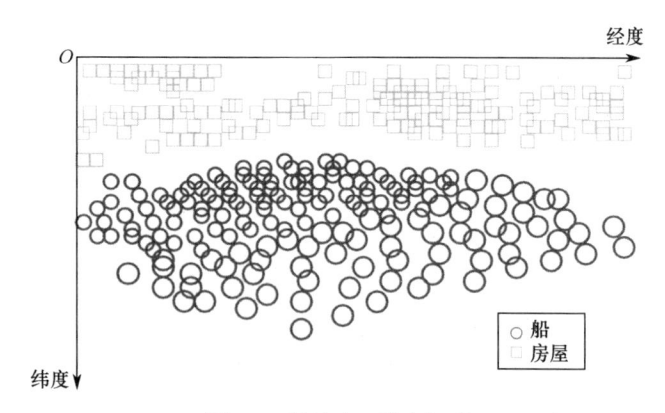

图 4-3　经纬度二维坐标系

第 4 章 支持向量机中的线性思维

要把方框和圆圈分开，用中间的分隔线即可，如图 4-4 所示。

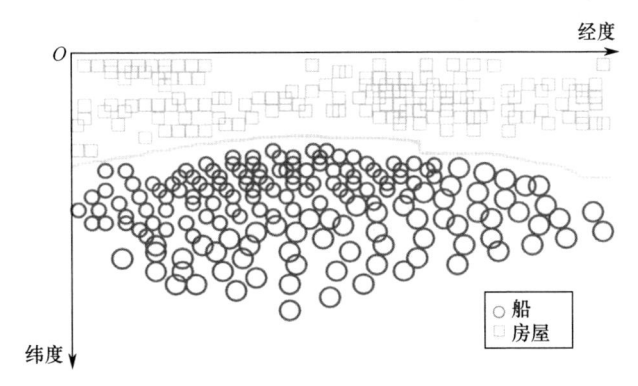

图 4-4 插入分隔线

如图 4-5 所示，对于用问号标记的新的数据点，我们就很容易做预测了。在曲线上方的都归类为房屋，在曲线下方的都归类为船。

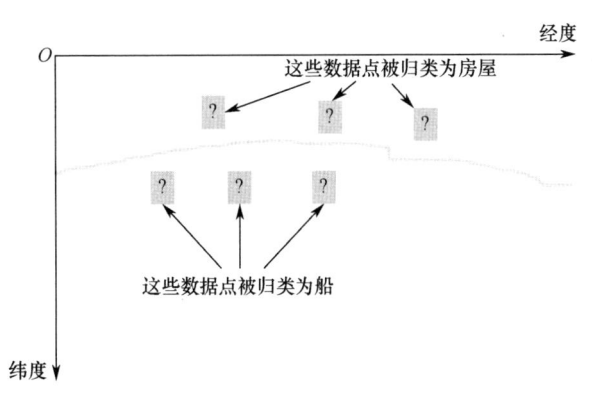

图 4-5 预测示意图

4.2 线性分类

前面使用海岸线把船和房屋分开的方法值得我们在数学中借鉴,但其中用到一条曲线,从哪里找这样一条曲线呢?显然比较困难。按照简单演绎复杂的原理,我们先使用最简单的线性分类。

前文提到,线性分类最简单的方法就是找到一条直线,把两类点分开,然后通过各种技巧,逐步解决更复杂的情况。因此,对于 ━ 和 ＋ 两类数据点,使用一条直线把它们分开,在直线的一侧为 ＋ 类,另一侧为 ━ 类,如图 4-6 所示。

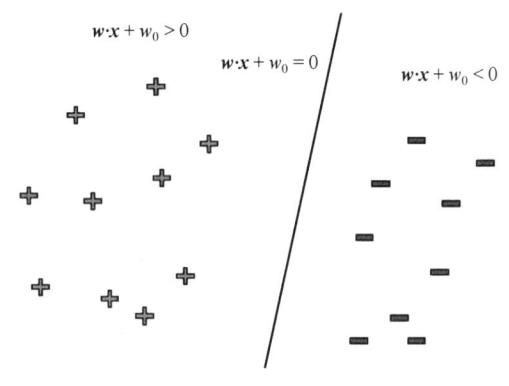

图 4-6 线性分类示意

但是问题出现了,我们有多条可以把这两类点分开的直线,如图 4-7 所示。

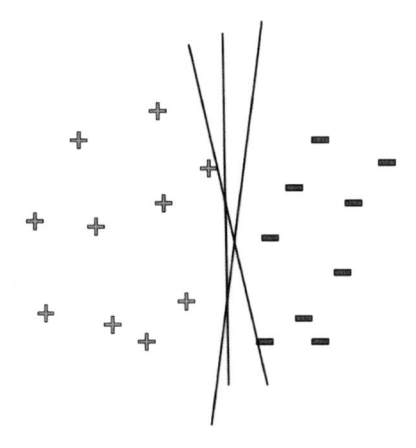

图 4-7 多种线性分类方式

对于这种情况，直觉告诉我们，应该选择不偏不倚的直线，因为不偏不倚就是中立，是非常有利于分类的，偏向任何一侧的直线都不是好的分类直线，如图 4-8 所示。

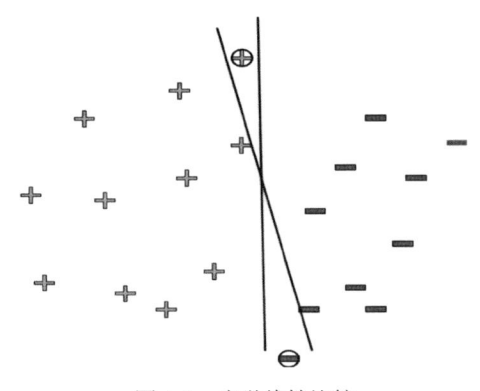

图 4-8 直觉线性比较

从图 4-8 中可以看出，两条线都能把两类点分开。加圈的两个点是测试点，实际上也是对应类别的点，在训练时不可见。在验证和测试时，可以发现，倾斜的直线会把加圈的 + 类（⊕）分为 − 类，而把加圈的 − 类（⊖）分为 + 类。而竖直的直线能够在测试时进行正确分类，这就是我们在选择分隔线时需要注意的地方。这里，分隔线也可称为分离超平面，分离超平面可以概括多维数据的情况。

如何找到这个分离超平面呢？这就需要将当前的问题转化为数学问题。每个点到直线都有距离，或者说有间隔，要实现不偏不倚，就是要选择满足条件的直线，使所有点到直线的距离（间隔）之和是最大的，如图 4-9 所示。

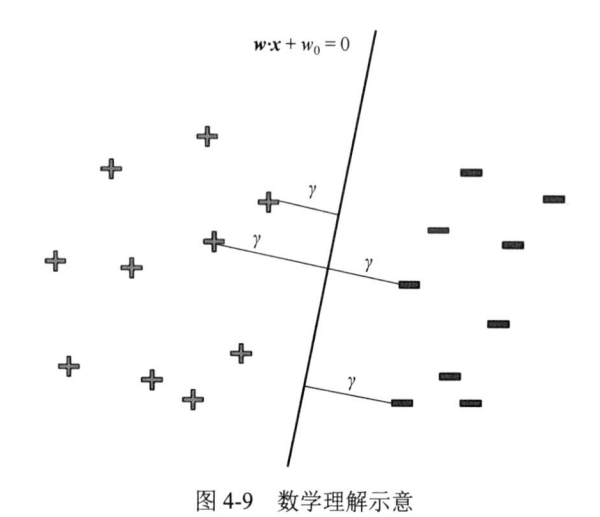

图 4-9 数学理解示意

对于这种间隔，怎么才能用数学方法表达出来？这就是 4.3 节要讲的函数间隔。

4.3 由函数间隔到几何间隔

现在目标就明确了，对于两类点的边界地带，我们希望分离超平面不偏不倚，处于正中间。也就是说，与分离超平面平行的两类点的边界线之间的间隔越大越好。现在我们用数学方法描述问题。

设两类点的边界线的方程分别为 $\boldsymbol{w}^\mathrm{T}\boldsymbol{y}_i + w_0 = m$ 和 $\boldsymbol{w}^\mathrm{T}\boldsymbol{y}_i + w_0 = -m$，确切地说，应该叫两类点的边界超平面。分离超平面的方程为 $\boldsymbol{w}^\mathrm{T}\boldsymbol{y}_i + w_0 = 0$。点 i 的函数间隔定义为点 i 在超平面的函数值与标签值 z_i 的乘积（见图 4-10）：

$$m_i = z_i(\boldsymbol{w}^\mathrm{T}\boldsymbol{y}_i + w_0) \tag{4-1}$$

式中，

$$z_i = \begin{cases} +1, & \boldsymbol{w}^\mathrm{T}\boldsymbol{y}_i + w_0 \geqslant m \\ -1, & \boldsymbol{w}^\mathrm{T}\boldsymbol{y}_i + w_0 \leqslant -m \end{cases} \quad \forall i \tag{4-2}$$

间隔越大越好，就是在所有样本点都满足条件 $z_i(\boldsymbol{w}^\mathrm{T}\boldsymbol{y}_i + w_0) > m$ 的前提下，求 m 的最大值，数学表达式是

$$\begin{aligned} &\max m \\ &\text{s.t.} \ z_i(\boldsymbol{w}^\mathrm{T}\boldsymbol{y}_i + w_0) > m \end{aligned} \tag{4-3}$$

图 4-10 函数间隔示意

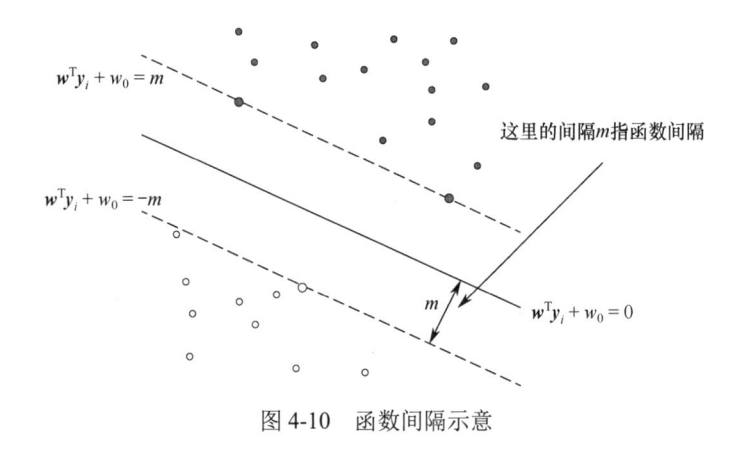

也就是所有点函数间隔的最大值越大越好。但是，只要成比例增加 w、w_0、m，仍然满足式（4-3），如式（4-4）所示，但在这些情况下，函数间隔是不一样的。

$$w^T y_i + w_0 = 0$$

$$2w^T y_i + 2w_0 = 0 \qquad (4\text{-}4)$$

$$1000w^T y_i + 1000w_0 = 0$$

对等式两边同乘 λ，函数间隔将会是原来的 λ 倍，但是分离超平面 $\lambda(w^T y_i + w_0) = 0$ 没变，因此，函数间隔这个目标不可靠，应该寻找新的目标，同时应该固定函数间隔 m。这时几何间隔就"登场"了，几何间隔就是间隔面之间距离的一半。

现在，我们看几何间隔与函数间隔的关系。

考虑分别是 1、2 类的点 y^+、y^-，它们位于边界的两侧。y_1 和 y_2 分别是二维直角坐标系的横轴和纵轴，向量 w 与分离超平面垂直，并且指向背离原点的方向，如图 4-11 所示。

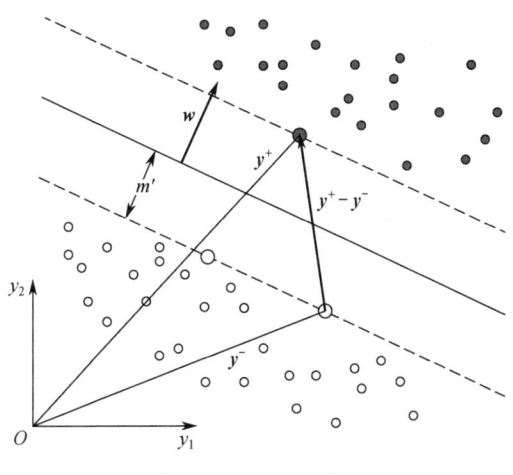

图 4-11 几何间隔

则有

$$m' = \frac{1}{2} \frac{w^T(y^+ - y^-)}{w} \tag{4-5}$$

式（4-5）的意思就是向量 y^+ 减去向量 y^-，得到的向量在法向量 w 上的投影长度就是 2 倍的几何间隔。

我们计算 $w^T(y^+ - y^-)$：

$$\begin{aligned} \boldsymbol{w}^{\mathrm{T}}(\boldsymbol{y}^+ - \boldsymbol{y}^-) &= \boldsymbol{w}^{\mathrm{T}}\boldsymbol{y}^+ - \boldsymbol{w}^{\mathrm{T}}\boldsymbol{y}^- \\ &= (\boldsymbol{w}^{\mathrm{T}}\boldsymbol{y}^+ + w_0) - (\boldsymbol{w}^{\mathrm{T}}\boldsymbol{y}^- + w_0) \\ &= 2m \end{aligned} \quad (4\text{-}6)$$

把式（4-6）代入式（4-5），得到几何间隔 m' 与函数间隔 m 的关系：

$$m' = \frac{m}{\boldsymbol{w}} \quad (4\text{-}7)$$

我们的目标是几何间隔越大越好，因此要想让函数表达式的变量只有 $\boldsymbol{w}$，就必须固定函数间隔 m。在数据点的间隔超平面 $\boldsymbol{w}^{\mathrm{T}}\boldsymbol{y}_i + w_0 = m$ 中固定 m 为 1，有人会问，如果实际上不是 1，那么设置为 1 会不会有问题？这是不会有问题的，假如实际上 $m=3.5$，设置 $\boldsymbol{w}^{\mathrm{T}}\boldsymbol{y}_i + w_0 = 1$，那么参数 $\boldsymbol{w}$ 和 w_0 也相应缩放，相当于坐标系的缩放，在实际进行预测时，也是按缩放后的坐标系计算的，因此，不会改变问题的本质。

最后我们的目标就是 $\boldsymbol{w}$ 越小越好，也就是 $\frac{1}{2}\boldsymbol{w}^{\mathrm{T}}\boldsymbol{w}$ 越小越好，并且服从约束函数间隔 $\geqslant 1$，即要求点都在各自的边界线内，如式（4-8）所示。

$$\begin{aligned} &\text{minimize} \frac{1}{2}\boldsymbol{w}^{\mathrm{T}}\boldsymbol{w} \\ &\text{s.t.} \ z_i(\boldsymbol{w}^{\mathrm{T}}\boldsymbol{y}_i + w_0) \geqslant 1 \end{aligned} \quad (4\text{-}8)$$

4.4 软间隔支持向量机

4.4.1 为什么需要软间隔支持向量机

前文描述的支持向量机也称为硬间隔支持向量机，两类点必须严格处于自己所属的区域，不允许个别点"跑"到对方区域中，哪怕是边界附近也不行。

硬间隔要求两类边界之间不存在任何点，这个要求非常苛刻，也导致硬间隔支持向量机对异常点非常敏感。因为存在噪声点，所以属于正类的实心点可能分布在负类区域中，也就是异常点，此时硬间隔支持向量机会压缩间隔大小，如图 4-12 所示，实心点的边界将从原来的位置移动到点虚线处。因为间隔缩小，所以支持向量机的泛化能力必然降低。

在这种情况下，使用硬间隔支持向量机还是可以解决问题的，而如图 4-13 所示的情况就无法解决了，两类点都有异常点"侵入"对方领地，这时我们无法找到一个最大间隔的超平面。在这种情况下，硬间隔支持向量机的目标函数无解。

解决这个问题的软间隔支持向量机"应运而生"，这个想法基于一个简单的前提：允许支持向量机犯一定数量的错误，并保持尽可能大的间隔,以便仍然可以正确分类其他点。这通过修改支持向量机的目标即可完成。

图 4-12 硬间隔支持向量机

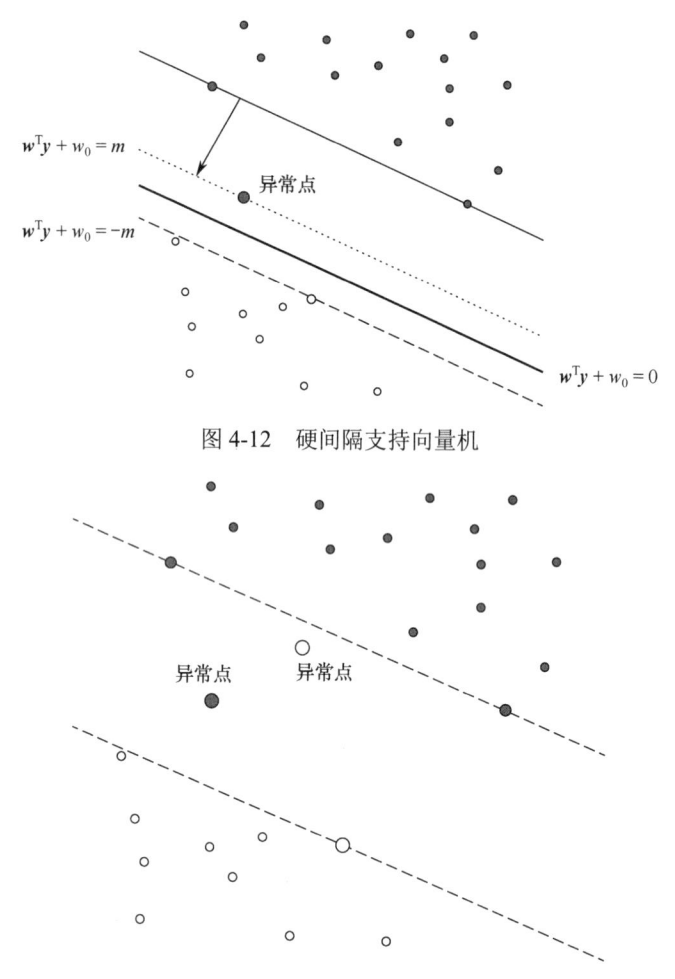

图 4-13 硬间隔支持向量机无法解决的案例

我们简要分析一下这种思想的"动机"。

（1）在现实中，几乎所有实际应用中都具有线性不可分的数据。

（2）在极少数情况下，数据是线性可分的，我们可能不希望选择能够完美区分数据的决策边界，以避免过拟合。例如，考虑如图 4-14 所示的完美区分。

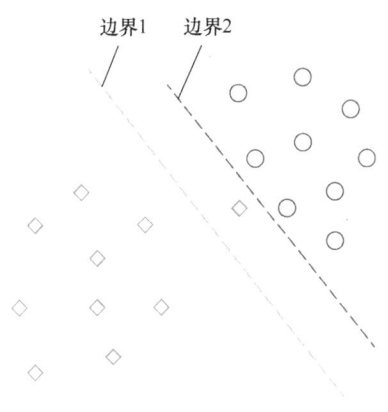

图 4-14 完美区分

在图 4-14 中，哪个决策边界更好？边界 1 还是边界 2？

在这里，边界 2 完美地区分了所有训练点。但是，具有如此小间隔的决策边界真的是一个好的决策边界吗？它可以很好地推广到看不见的数据上吗？答案是否定的。而边界 1 具有更大的间隔，可以很好地概括未知数据，因此，软间隔有助于避免过拟合的问题。

软间隔支持向量机允许一些异常点越过本类间隔超平面进入间隔内部，甚至越过对方类间隔超平面进入对方"领地"。这样做的好处是，可以避免因个别噪声点的存在而影响模型在测试集中的推广泛化能力。因为间隔内部的点对支持向量机来说是一种需要绕开的错误，换句话说，间隔内部的点是为最大化间隔而允许发生的错误，所以希望这样的点尽可能少，这其实是一种折中，即在错误较少的情况下获得间隔尽可能大的分离超平面，如图4-15所示。

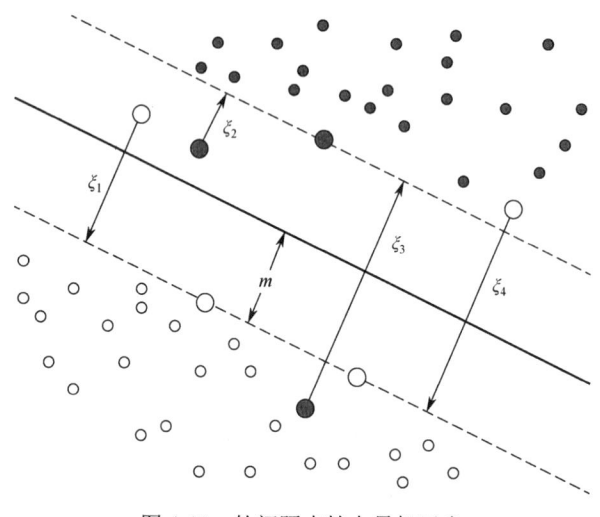

图4-15 软间隔支持向量机示意

4.4.2 软间隔支持向量机的数学实现

那么，软间隔支持向量机在数学上是如何实现的？

我们将力争最小化以下目标：

$$L = \frac{1}{2}w^2 + C \quad (4\text{-}9)$$

这与硬间隔支持向量机的原始目标不同。在这里，C 是一个超参数，决定了在使间隔最大化和使错误最小化之间的取舍，它的具体意义如下。

（1）较小的 C 值将导致优化器寻找间隔更大的分离超平面，即使该超平面错分更多的点。

（2）对于较大的 C 值，超平面能更好地将所有训练点正确分类，优化器倾向于选择间隔较小的超平面。

这里应该注意的是，并非所有错误都是"平等"的。与距离决策边界较近的数据点相比，距离决策边界较远的错误数据点应"受到更多的惩罚"。让我们看看如何在图 4-16 的帮助下将其合并。

这个想法是：对于每个数据点 x_i，引入一个松弛变量 ξ_i，这个变量用来放松对部分异常点的约束。ξ_i 是 x_i 到相应类边界的函数间隔，如果 x_i 在错误的一边，则会有大于 0 的 ξ_i 产生，对该点的函数间隔的要求不再是 1，而变为 $1-\xi_i$，ξ_i 越大，说明异常点的错误越大，甚至使 $1-\xi_i$ 成为负值（说明点已经在错误的一侧了)。因此,错分的点离所在类边界越远,受到的惩罚越多。

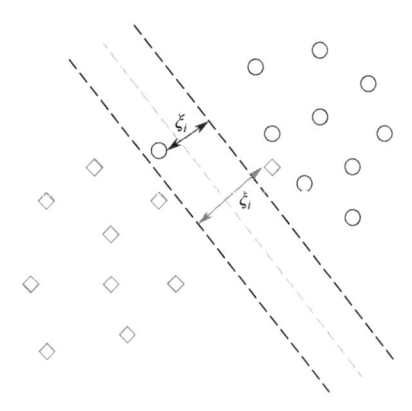

图 4-16 数据点位于决策边界的错误一侧而导致的损失

有了这个想法,数据点 x 需要满足以下约束:

$$y_i(\boldsymbol{w} \cdot \boldsymbol{x} + b) \geqslant 1 - \xi_i \tag{4-10}$$

这里,可以认为不等式的左侧是分类的置信度。如果置信度得分≥1,则表示该点已经被分类器正确分类。但是,如果置信度得分<1,则表示分类器未正确对该点进行分类,并且线性罚分为 ξ_i。

考虑这些限制,我们的目标是最小化以下函数:

$$L = \frac{1}{2}\boldsymbol{w}^2 + C\sum_i \xi_i \tag{4-11}$$

设置参数 C 表示我们希望支持向量机优化"避免错误分类每个数据点"的程度。

方法不可能总是两全其美的,在具有最大间隔的超平面和正确分类尽可能多数据点的超平面之间,参数 C 体现了我们对后者的期望程度。

下篇　非线性思维

第 5 章
核方法

5.1　采用核方法的动机

采用核方法（Kernel Method）的主要动机在于解决分类任务中线性不可分的问题。Cover 定理可以定性地描述为：将复杂的模式分类问题非线性地投射到高维空间中要比投射到低维空间中更可能是线性可分的。该定理阐述了这样一个事实：在高维空间中，几乎所有的分类问题都是线性可分的。因此，尝试将数据映射到更高维的空间中，有助于将原本在低维空间中线性不可分的数据转换为在高维空间中线性可分的数据，从而大大降低分类任务的难度。

说到在机器学习中应用核方法,必须要提支持向量机(SVM)模型,因为核技巧在支持向量机模型中广泛用于桥接线性和非线性。

5.2 使用核方法解 SVM 升维难题

在图 5-1 中,我们注意到有两类点(观测值):蓝点和紫点。有很多方法可以将这两类点分开,但是,我们希望找到可以使这两类点之间的间隔最大化的最佳超平面(该超平面与每一侧最近的数据点之间的距离最大)。根据新数据点位于超平面的哪一侧,就可以为其分配一个类。

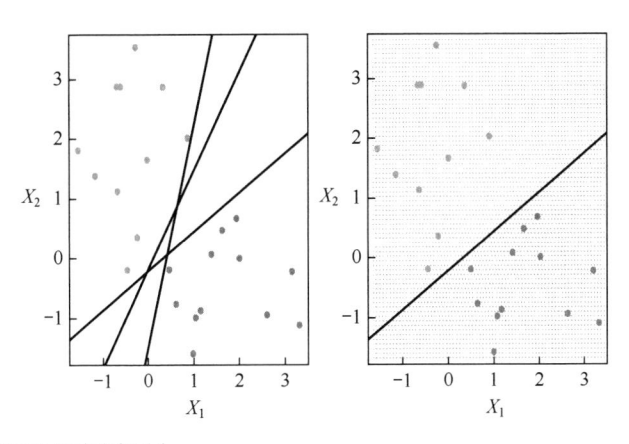

注:彩插页有对应彩色图片。

图 5-1 分类示例

上面的示例听起来很简单，但是，现实中并非所有数据分布都是线性可分的。实际上，在现实世界中，几乎所有数据都是随机分布的，这使得很难线性分离不同的类，如图5-2（a）所示。

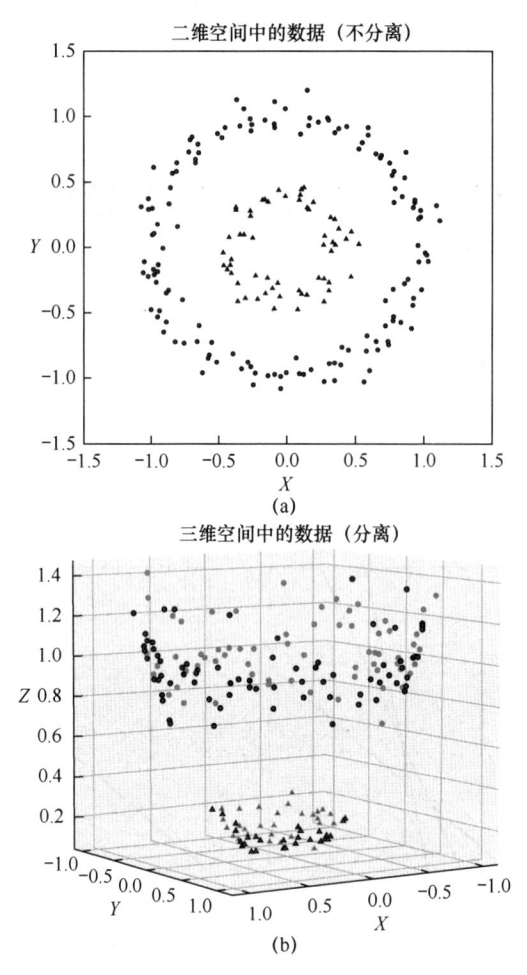

二维空间中的数据（不分离）

(a)

三维空间中的数据（分离）

(b)

注：彩插页有对应彩色图片。

图 5-2　随机分布示例

如图 5-2（b）所示，如果找到一种将数据从二维空间映射到三维空间中的方法，就能够找到一个明确划分不同类的决策面。对于数据转换过程，初始的想法是将所有数据点映射到更高的维度中，如由二维到三维，这听起来不错，但是，当维数越来越高时，空间内点积计算会变得越来越耗时。这时就要用到核技巧了。它使我们能够在原始特征空间中进行操作，而无须在更高维度的空间中计算数据的坐标。

简言之，核函数是一种捷径，可以帮助我们更快地进行某些计算，否则将涉及更高维度空间中的计算。

数学定义：

$$K(x,y) = <f(x), f(y)>$$

式中，K 是核函数；x 和 y 是 n 维输入；f 是从 n 维空间到 m 维空间的映射，$<f(x),f(y)>$ 表示 $f(x)$ 和 $f(y)$ 的点积；通常 m 比 n 大得多。

通常在计算 $<f(x),f(y)>$ 时，需要先计算 $f(x)$ 和 $f(y)$，然后计算点积。这两个计算步骤花费的时间可能非常多，因为它们涉及在 m 维空间中的操作，其中 m 可以是很大的值。不过，尽管是高维空间，但点积的结果是一个标量。

让我们看一个将二维数据点映射到三维空间中的例子。假

设有二维数据点 $\boldsymbol{x}$ 和 $\boldsymbol{y}$：

$$\boldsymbol{x} = (x_1, x_2)^\mathrm{T}$$

$$\boldsymbol{y} = (y_1, y_2)^\mathrm{T}$$

现在，把它们映射到三维空间中，映射函数为

$$\boldsymbol{\phi}(\boldsymbol{x}) = (x_1^2, x_1 x_2, x_2 x_1, x_2^2)$$

$$\boldsymbol{\phi}(\boldsymbol{y}) = (y_1^2, y_1 y_2, y_2 y_1, y_2^2)$$

映射后的点积为

$$\begin{aligned}\boldsymbol{\phi}(\boldsymbol{x}) \cdot \boldsymbol{\phi}(\boldsymbol{y}) &= (x_1^2, x_1 x_2, x_2 x_1, x_2^2) \cdot (y_1^2, y_1 y_2, y_2 y_1, y_2^2) \\ &= x_1^2 y_1^2 + 2 x_1 y_1 x_2 y_2 + x_2^2 y_2^2 \\ &= (\boldsymbol{x} \cdot \boldsymbol{y})^2 \end{aligned}$$

更进一步，对于任意 d，有

$$K(\boldsymbol{x}, \boldsymbol{y}) = \boldsymbol{\phi}(\boldsymbol{x}) \cdot \boldsymbol{\phi}(\boldsymbol{y}) = (\boldsymbol{x} \cdot \boldsymbol{y})^d$$

接下来，我们看三维的情况：

$$\boldsymbol{x} = (x_1, x_2, x_3)^\mathrm{T}$$

$$\boldsymbol{y} = (y_1, y_2, y_3)^\mathrm{T}$$

这里 x 和 y 是三维空间中的两个数据点,假设需要将 x 和 y 映射到九维空间中,需要进行以下计算才能获得最终结果。在这种情况下,计算复杂度为 $O(n^2)$。

$$\phi(x) = (x_1^2, x_1x_2, x_1x_3, x_2x_1, x_2^2, x_2x_3, x_3x_1, x_3x_2, x_3^2)^T$$

$$\phi(y) = (y_1^2, y_1y_2, y_1y_3, y_2y_1, y_2^2, y_2y_3, y_3y_1, y_3y_2, y_3^2)^T$$

$$\phi(x)^T\phi(y) = \sum_{i,j=1}^{3} x_i x_j y_i y_j$$

但是,如果使用表示为 $K(x, y)$ 的核函数,而不是在九维空间中进行复杂的计算,则可以通过在三维空间中计算 x 和 y 的点积然后求幂,从而得到相同的结果:

$$K(x, y) = (x^T y)^2 = (x_1y_1 + x_2y_2 + x_3y_3)^2 = \sum_{i,j=1}^{3} x_i x_j y_i y_j$$

在这种情况下,计算复杂度为 $O(n)$。

举个例子:

假设 $x = (1, 2, 3)$,$y = (4, 5, 6)$,则有

$$f(x) = (1, 2, 3, 2, 4, 6, 3, 6, 9)$$

$$f(y) = (16, 20, 24, 20, 25, 30, 24, 30, 36)$$

$$f(\boldsymbol{x}) \cdot f(\boldsymbol{y}) = 16 + 40 + 72 + 40 + 100 + 180 + 72 + 180 + 324 = 1024$$

这涉及很多代数运算，主要是因为 f 是从三维空间到九维空间的映射。

现在使用核函数：

$$K(\boldsymbol{x}, \boldsymbol{y}) = (4 + 10 + 18)^2 = 32^2 = 1024$$

得到同样的结果，但是这种计算要容易得多。

核函数的其他优点有：核函数使我们可以做"无限"的事情。有时，升高维度不仅会导致计算成本升高，甚至是不可能的。$f(\boldsymbol{x})$ 可以是从 n 维到无限维的映射，我们可能几乎不知道如何处理，然而，核函数为我们提供了一个绝妙的捷径。

本质上，核函数提供了一种更高效的方式来将数据转换为更高维度。但核函数的应用并不限于支持向量机，任何涉及点积的计算都可以使用核函数。

第 6 章
高斯核函数的非线性映射作用

在将数据点转换到高维空间中后,原始特征就无关紧要了。只需计算测试数据与支持向量的点积,而支持向量是由支持向量机优化算法选择的特殊数据点。在此,举一个例子如下:一个人看过湖泊、河流、溪流、浅滩等,但从未见过大海,怎么向这个人解释大海是什么?或许可以通过将海水中的水量与其已经知道的水体中的水量相关联来解释。

6.1 简单与复杂的辩证：从线性模型到非线性模型

简单性是一个古老而朴素的哲学观念。认识论和自然科学对世界的认识经历了由简单到复杂的过程，但是复杂的事物与现象背后往往存在简单的规律或过程。

在现实世界中，纯粹线性的模型几乎是不存在的，正如在初中学习的匀速运动一样，在实际中，匀速运动的情况几乎很难找到，即使是定速，也会因外界的扰动而发生改变。在机器学习实践中也是如此，很多情况下需要非线性模型。

然而在构建复杂的非线性模型时，往往是从简单的线性模型出发的。

线性模型的优点在于它们易于理解且易于优化，缺点是它们只能学习非常简单的决策边界。

使线性模型表现为非线性的一种方法是转换输入，例如，添加特征并将其作为附加输入。在这样的表示上，所学习的线性模型是凸性的，但在除非常低维的空间外的所有情况下，计算上都是很难实现的。你可能会问：在不明确扩展特征空间的情况下，是否可以在保留原始数据的同时隐藏地处理特征扩张？

令人惊讶的是，答案是肯定的，这就是核方法。

如图 6-1 所示的目标点集在当前空间不可分。我们的目标不是直接在当前维度上寻找一个曲线来非线性划分类别，而是变换空间使其直接线性可分，如图 6-2 所示。这是哲学上简单性原则的应用。

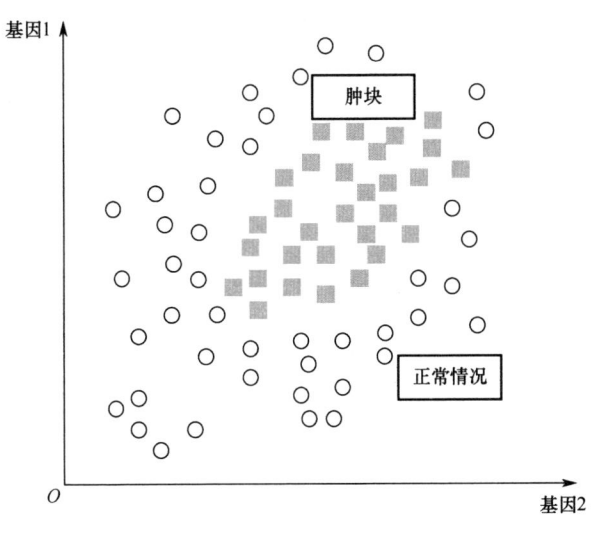

图 6-1　目标点集

这个线性平面"返回"到原空间中就是一个形状类似于椭圆的决策边界。这样就把问题解决了，能够容易地找到原空间中的线性分类边界。

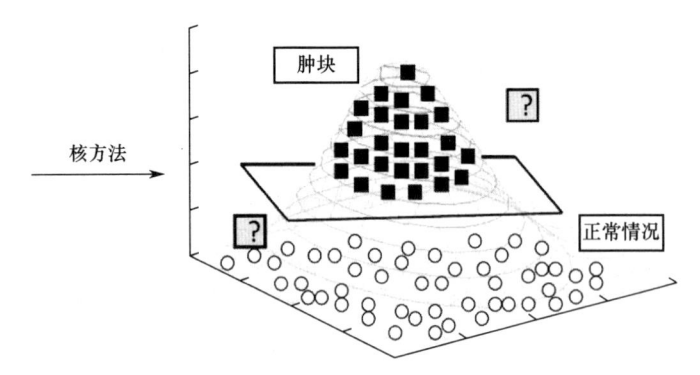

图 6-2　线性平面转化为高维曲面示意图

通过核方法，可以很好地处理线性不可分问题。简单的哲学思想的实质就是，坚持寻找线性可分的转换问题，即变换数据以使其线性可分，而变换数据的方法就是由低维特征到高维特征的特征空间变换。

6.2　从有限到无限的哲学思想

哲学中的有限和无限是对立统一的。

（1）无限由有限构成，无限不能脱离有限而独立存在。

（2）有限包含无限，有限体现无限。有限在一定条件下可以转变为无限，反之亦成立。

高斯核函数可以把低维空间转化为无限维空间，同时又实现了在低维空间中计算高维点积。

6.2.1 把有限空间映射为无限空间

核方法是一种将数据空间放入更高维、更复杂的空间的方式。数据空间与高维空间中超平面的交点决定了数据空间中更复杂的、弯曲的决策边界。

举一个例子，通过将坐标为 (x, y) 的二维点发送至坐标为 (x_1, y_1, x_2, y_2) 的四维点，将二维（数据）空间变换为四维（数据）空间。如果想获得更多的灵活性，则可以选择更高维度的核，例如，将二维点 (x, y) 发送至一个八维空间中的点 $(x_1, y_1, x_2, y_2, x_3, y_3, x_4, y_4)$，更有甚者，可以向更高维向量空间变换，然后变换为无限维向量空间。

注意，我们只是抽象地执行此操作。计算机只能处理有限的数据，因此无法真正地在无限维向量空间中存储数据和进行计算。

6.2.2 从无限返回有限

"从无限返回有限"的主要原因是，现实中只有通过有限形式的计算才能完成表示无限维度的计算，避免维度灾难。将每个点发送至无限向量来定义无限多项式核 $(x,y,x^2,y^2, x^3,y^3, x^2y,y^2x,\cdots)$，可以通过"忘记"除前四项外的所有内容来恢复原始的四维内核。

实际上，原始的四维空间包含在无限维空间之中。原始的四维内核是通过将无限多项式核投影到这个四维空间中得到的。

为了返回"计算世界"，需要选择一个处在这个无限维向量空间中的有限维向量空间，并将无限维向量空间投影到有限维向量空间中。通过选择数据空间中的点（有限）来选择有限维向量空间，然后采用以这些点为中心的高斯斑点所跨越的向量空间。这相当于由无限多项式核的前五个坐标定义的向量空间。

投影：实现从无限维到有限维。

对于有限维向量，定义投影最常用的方法是使用点积：将两个向量的相应坐标相乘，然后将它们全部加在一起。

例如，两个三维向量 $(1,2,3)$ 和 $(2,5,4)$ 做点积：$1\times 2+2\times 5+3\times 4=24$。

我们通过两个函数相乘来对函数执行类似的操作，实现数据集中点的对应特征值相乘。由于不能将所有（无数个）数字加在一起，所以我们采用积分。高斯核函数可以看作两个高斯函数相乘并积分的结果。

换句话说，高斯核将无限维空间中的点积转换为数据空间中点之间距离的高斯核函数。

因此，如果数据空间中的两个点相距很近，则在核空间中表示它们的向量之间的角度会很小。如果两个点相距很远，则相应的向量之间将接近"垂直"。

从有限维到无限维的思想能够帮助我们更好地理解高维空间的线性可分思想；而从无限维到有限维的思想，又让我们能更好地理解其几何意义，更好地实现计算。

6.3 泰勒级数：实现维度的无限延展和有限维度的计算

泰勒级数（Taylor Series）就是用无限项连加式——级数表示一个函数，这些相加的项由函数在某点处的导数求得：

$$f(x) = f(a) + \frac{f'(a)}{1!}(x-a) + \frac{f''(a)}{2!}(x-a)^2 + \cdots + \frac{f^n(a)}{n!}(x-a)^n + \cdots \tag{6-1}$$

高斯核函数会用到以下泰勒级数:

$$e^x = \sum_{n=0}^{\infty} \frac{x^n}{n!} \tag{6-2}$$

先看一维下的泰勒级数展开,同时给出映射函数 φ,在熟悉之后,可以比较容易地理解向高维度转换的做法。

$$\begin{aligned}
k(x,y) &= e^{-\sigma|x-y|^2} = e^{-\sigma(x^2+y^2)} e^{\sigma 2xy} \\
&= e^{-\sigma(x^2+y^2)} \left[1 + \frac{2\sigma xy}{1!} + \frac{(2\sigma xy)^2}{2!} + \frac{(2\sigma xy)^3}{3!} + \cdots \right] \\
&= e^{-\sigma x^2} \begin{pmatrix} 1 \\ \sqrt{\frac{2\sigma}{1!}}x \\ \sqrt{\frac{(2\sigma)^2}{2!}}x^2 \\ \cdots \end{pmatrix} e^{-\sigma y^2} \begin{pmatrix} 1 \\ \sqrt{\frac{2\sigma}{1!}}y \\ \sqrt{\frac{(2\sigma)^2}{2!}}y^2 \\ \cdots \end{pmatrix}
\end{aligned} \tag{6-3}$$

从上面的泰勒级数展开式,可以得到高维空间中的各元素:

$$\mathrm{e}_n(x) = \mathrm{e}^{-\sigma x^2} \sqrt{\frac{(2\sigma)^n}{n!}} x^n, \ n = 1, 2, 3, \cdots \tag{6-4}$$

这个高斯核实现了将无限维空间中的点积转换为数据空间中点之间距离的高斯核函数，而这个高斯核函数正比于两个高斯函数相乘并积分的结果。这与前面所讲的哲学思想完美契合。我们不可能也不需要直接在无限维空间中计算点积。非常精妙的是，泰勒级数帮我们实现了由高维空间返回低维空间的计算。

图 6-3 所示是将二维特征投影至三维空间示意图，也就是泰勒级数取到二阶。

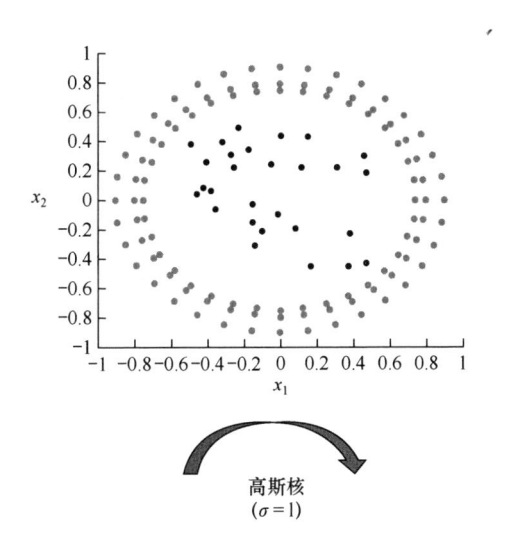

注：彩插页有对应彩色图片。

图 6-3 将二维特征投影至三维空间示意图

映射函数：$\varphi(x)$

$$x = \begin{bmatrix} x_1 \\ x_2 \end{bmatrix}$$

$$\varphi(x) = \begin{bmatrix} z_1 \\ z_2 \\ z_3 \end{bmatrix} = \begin{bmatrix} e^{-x_1^2}e^{-x_2^2} \\ \dfrac{(2)^1}{1!} x_1 x_2 e^{-x_1^2} e^{-\sigma x} \\ \dfrac{(2)^2}{2!} x_1^2 x_2^2 e^{-x_1^2} e^{-x_2^2} \end{bmatrix}$$

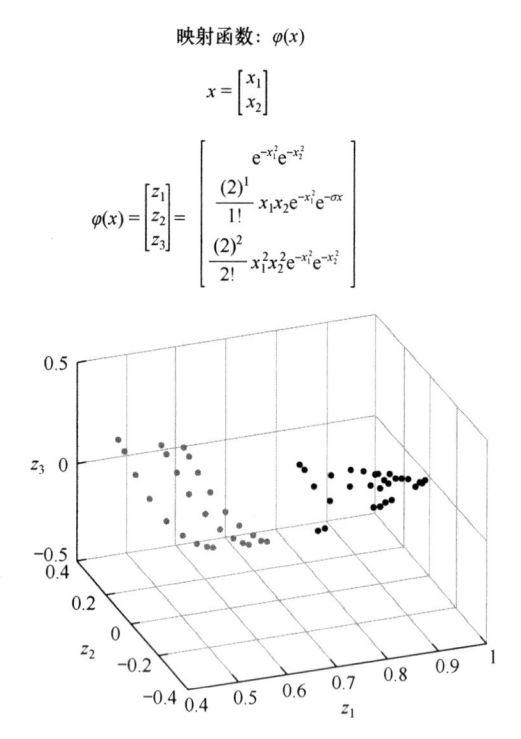

注：彩插页有对应彩色图片。

图 6-3　将二维特征投影至三维空间示意图（续）

第 7 章
深度学习中的非线性

我们需要使用激活函数将现实世界中的非线性特性引入人工神经网络。对于人工神经网络的输入和输出，能在不使用激活函数的情况下将输入转变为输出吗？

如果不使用激活函数，则输出信号就会变成一个简单的线性函数。未激活的人工神经网络将作为学习能力有限的线性回归被使用。但我们也希望人工神经网络学习非线性状态，因为需要处理复杂的现实世界信息，如图像、视频、文本和声音。多层深度神经网络可以从数据中学习有意义的特征。

人工神经网络被设计为通用函数逼近器，这意味着它必须具备计算和学习任何函数的能力。非线性激活函数可以实现更强的学习能力。

为了理解得更加透彻，我们举一个线性激活的例子，如图 7-1 所示。

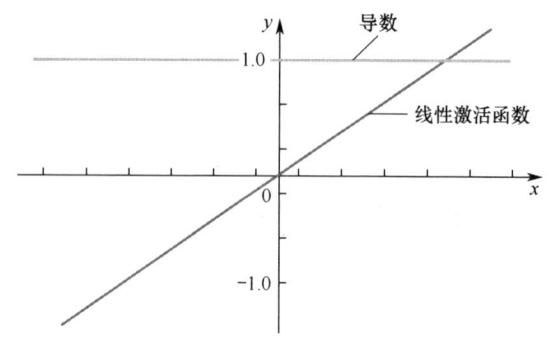

图 7-1　线性激活函数及其导数

如图 7-1 所示的线性激活函数允许多个神经元连接在一起，但是这个函数有一个大问题——导数是常数。那么，常数导数有什么问题？假设在使用反向传播算法的过程中，我们进行了神经元的学习过程。其算法由一个导数系统组成，对 $y = cx$ 求导，得到 c，这意味着与 x 没有关系。那么，如果导数总是一个常数值，能说学习过程是有效的吗？显然不行，换句话说，线性激活函数只能学习线性模式，输出层与输入层之间是线性关系，更复杂的模式学习不了，这种网络的学习容量自然非常有限。

7.1 Sigmoid 函数

接下来，我们看一个人工神经网络中非常经典的激活函数——Sigmoid 函数。

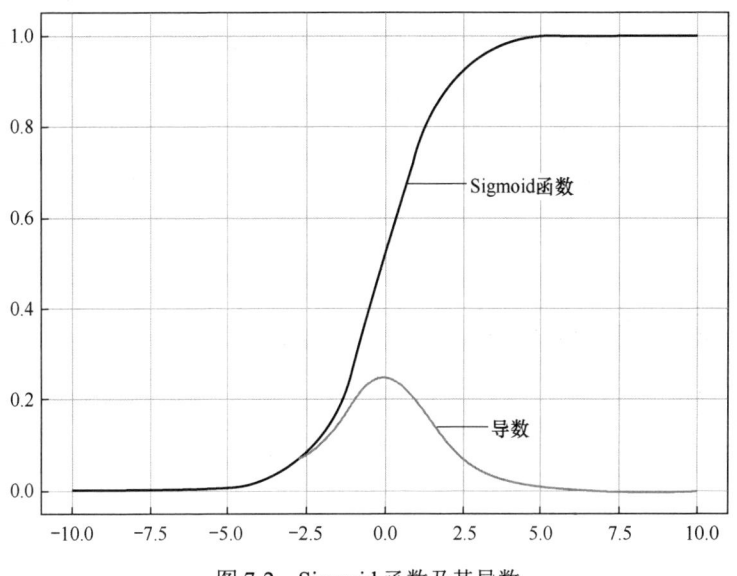

图 7-2 Sigmoid 函数及其导数

在 Sigmoid 函数曲线中，y 值变化很快。x 的微小变化会导致 y 大幅度的变化，这意味着它可以作为一个很好的分类器。此函数的另一个优点是，当遇到线性函数中的(-infinite, +infinite)时，它会产生(0,1)内的值，因此激活值不会消失，这个性能非常不错。

Sigmoid 函数是最常用的激活函数之一，但也存在一定的问题。

仔细看函数两端的图形可以发现，y 对 x 的变化几乎没有反应。这些区域的导数值非常小并且收敛到 0，称为梯度消失，学习到的结果最小。如果为 0，则没有任何学习。当发生缓慢学习时，最小化误差的优化算法可以收敛局部最小值，而不能从人工神经网络中获得全局最小值。

下面，让我们看看可替代 Sigmoid 函数的其他激活函数。

7.2 ReLU 函数

ReLU 函数（见图 7-3）是几乎在所有现代人工神经网络体系结构中使用的激活函数，定义为

$$\mathrm{ReLU}(x) = \max(0, x)$$

对于线性函数，有一个非常简单的定义。

对于任意常数 a、b，定义域内的任意 x、y，有

$$f(ax + by) = af(x) + bf(y) \qquad (7\text{-}1)$$

图 7-3 ReLU 函数

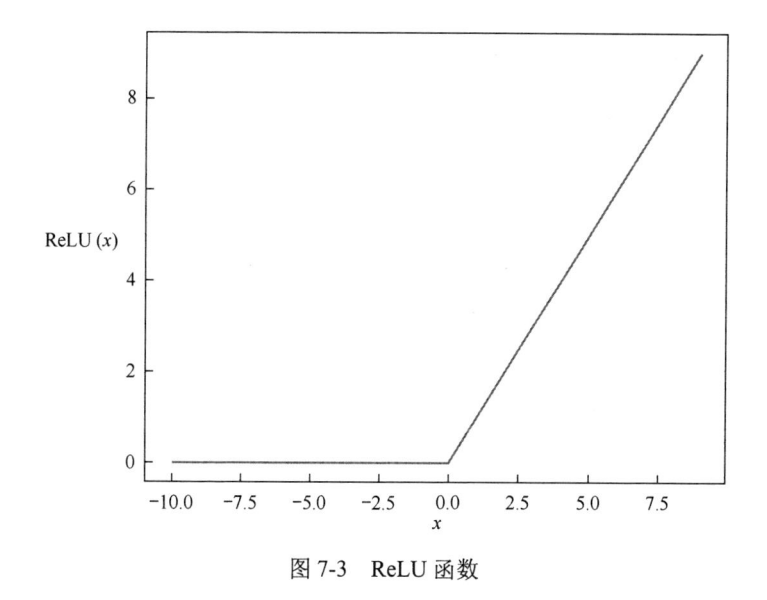

"任意"意味着，如果我们能够找到一个不满足上述条件的例子，则该函数是非线性的。为了简单，假设 $a=b=1$，令 $x=-5$，$y=1$，f 是 ReLU 函数，代入式（7-1），有

$$f(-5+1)=f(-4)=0$$

$$f(-5)+f(1)=0+1=1$$

对于满足 $xy<0$ 的任何 x、y，$f(x+y)=f(x)+f(y)$ 不成立，因此，ReLU 函数是非线性的。

然而，ReLU 函数看起来非常接近线性，这常常使人困惑，并且想要知道如何才能使其成为普遍的近似使用。一种方法是可以用许多小矩形来近似任意连续函数。ReLU 函数可以产生许多小矩形，事实上，在实践中，ReLU 函数可以产生相当复杂的形状，逼近许多复杂的域。

如果现在想用 ReLU 函数 $g(ax+b)$ 来近似

$$f(x) = x^2$$

如图 7-4 所示，一种可行的方法如下：

$$h_1(x) = g(x) + g(-x) = |x|$$

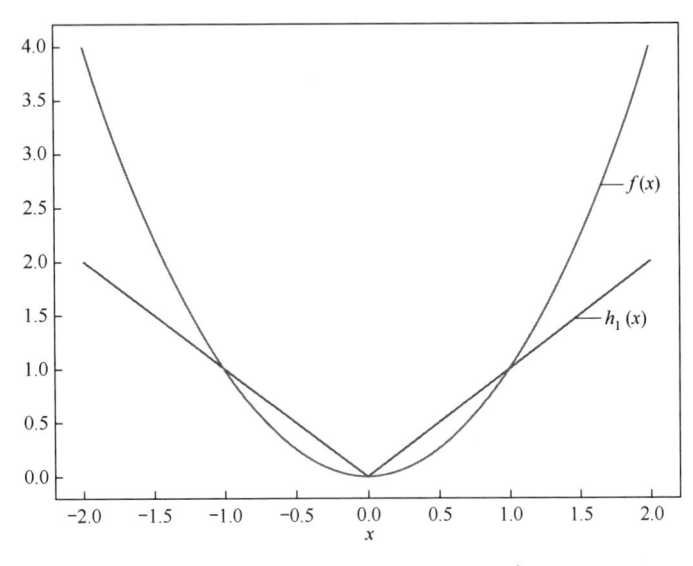

图 7-4 用 ReLU 函数近似 $f(x)=x^2$

但这不是一个很好的近似，我们可以使用 a 和 b 的不同选

择来添加更多项，以提高近似度。改进之一是

$$h_2(x) = g(x) + g(-x) + g(2x-2) + g(-2x+2)$$

这样会变得更好。

现在我们再近似一部分接近对数函数的曲线：

$$h_3(x) = g(x) - 0.5g(x-2) - 0.25g(x-4) - 0.125g(x-8)$$

这个近似的技巧可以从图 7-5 直观地看到，就是用斜率逐渐减小的小折线来近似曲线，这就是 ReLU 函数的神奇之处，它可以实现对任意曲线的近似。

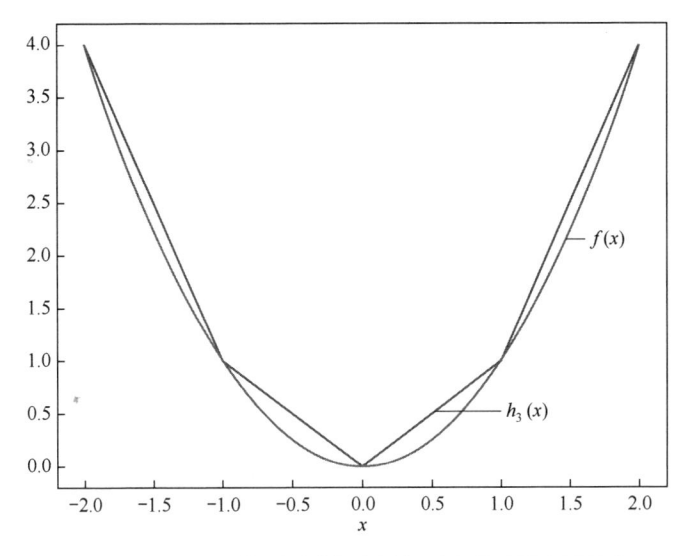

图 7-5　用 a 和 b 的不同选择来添加更多项以提高近似度

下面，给出 ReLU 函数和 tanh 函数、Linear 函数应用示例的对比，如图 7-6 所示。图中，每个神经网络都有三个隐藏的层，每层有三个单元，唯一的区别是激活函数。很明显，与其他二者相比，ReLU 函数的结果缺乏清晰的曲线，因为毕竟 ReLU 函数是线性函数的衍生品。但是，ReLU 函数的成功之处在于，在解决环空问题时它是高可塑的，也就是我们之前讲的用线性可以组成无比强大的非线性。

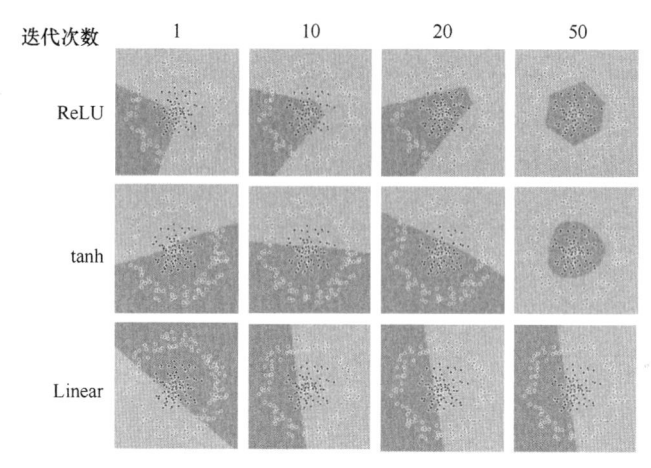

注：彩插页有对应彩色图片。

图 7-6 ReLU 函数、tanh 函数和 Linear 函数应用示例对比

tanh 函数是一种平滑的弯曲函数，它在圆周围绘制了平滑的藩篱，线性完全消失，而 ReLU 函数绘制了具有多个尖角的六边形。实际上，这就是 ReLU 函数的优势：它可以将线性函数在特定点弯曲到一定程度。结合上一层的偏差和权重，ReLU

函数可以在任何位置以任何角度实现弯曲。

这些小的弯曲形成了近似的构建块。任何函数都可以通过将许多 ReLU 函数汇总在一起来粗略估算,这在所有神经元在下一层合并时会发生,并且已在数学上得到了证明。

图 4-2　分类示意图

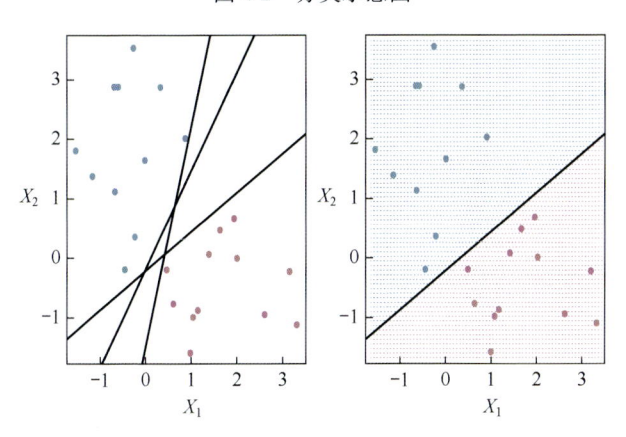

图 5-1　分类示例

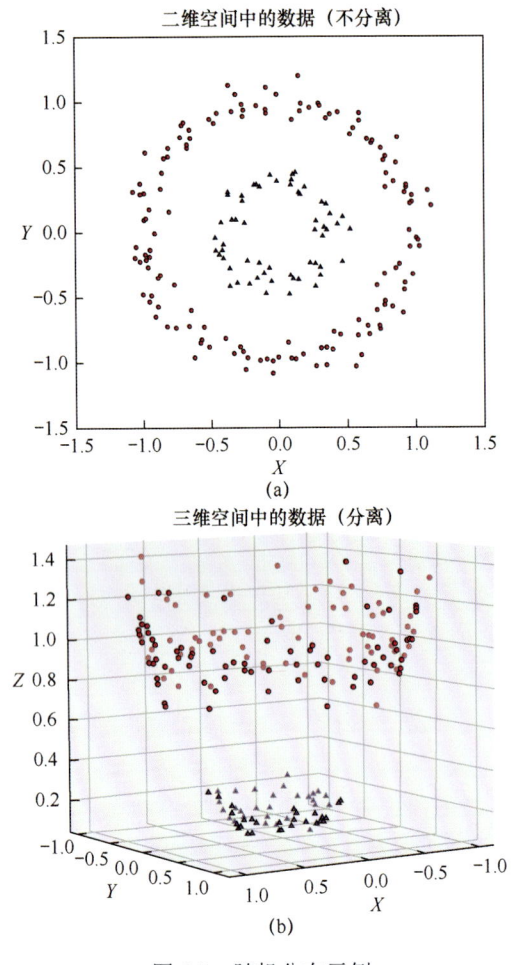

图 5-2 随机分布示例

映射函数：$\varphi(x)$

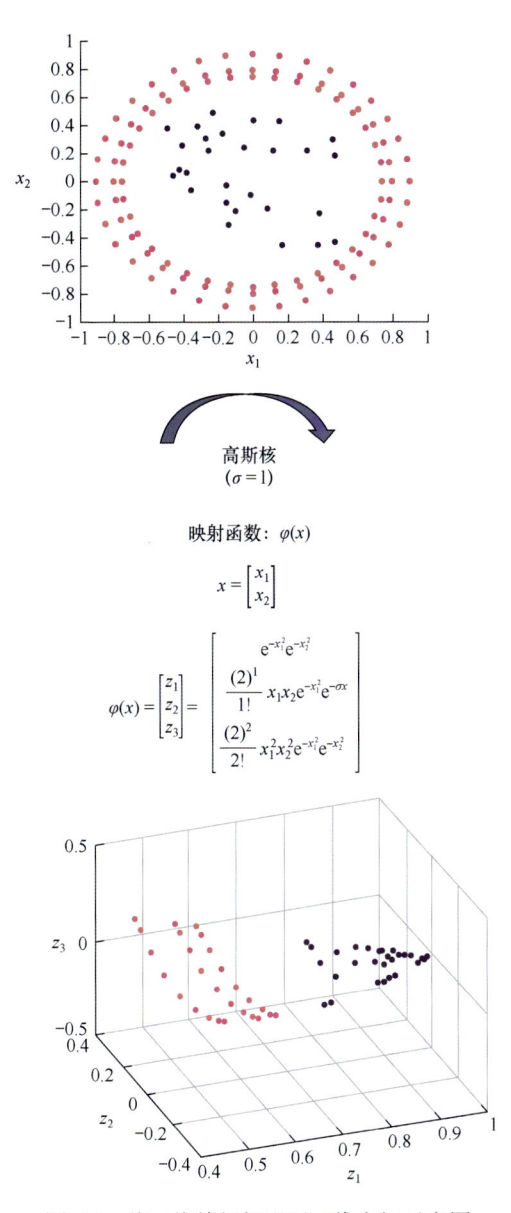

$$x = \begin{bmatrix} x_1 \\ x_2 \end{bmatrix}$$

$$\varphi(x) = \begin{bmatrix} z_1 \\ z_2 \\ z_3 \end{bmatrix} = \begin{bmatrix} e^{-x_1^2}e^{-x_2^2} \\ \dfrac{(2)^1}{1!} x_1 x_2 e^{-x_1^2} e^{-\sigma x} \\ \dfrac{(2)^2}{2!} x_1^2 x_2^2 e^{-x_1^2} e^{-x_2^2} \end{bmatrix}$$

图 6-3 将二维特征投影至三维空间示意图

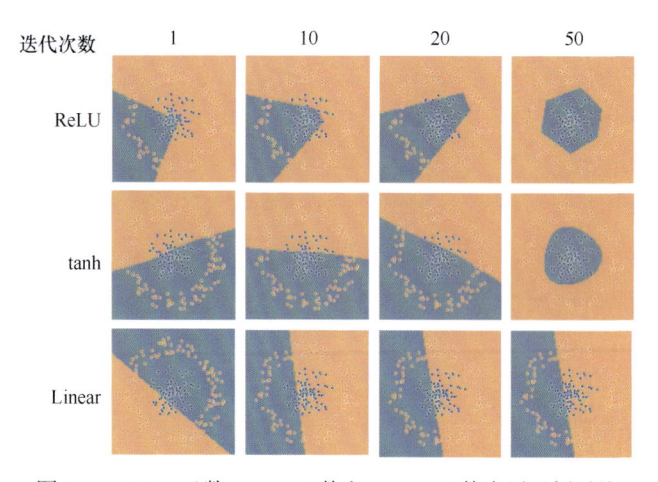

图 7-6 ReLU 函数、tanh 函数和 Linear 函数应用示例对比